甘蓝　　　　　　　　菊苣

彩图 1　叶菜类

彩图 2　水生生物——水葫芦

彩图 3　青贮饲料

彩图 4　高粱

彩图 5　燕麦

彩图 6　黑麦

小米粗糠

小米油糠

彩图 7　玉米糠　　　　　　　　　彩图 8　小米糠

彩图 9　尿素　　　　　　　　　　彩图 10　石粉

彩图 11　贝壳粉　　　　　　　　　彩图 12　蛋壳粉

彩图 13　沸石

彩图 14　麦饭石

彩图 15　膨润土

彩图 16　饲料保鲜防霉剂

彩图 17　玉米的田间刈割

彩图 18　牧草的田间刈割

彩图 19　青贮场大型切碎机切碎原料

彩图 20　田间刈割并切碎

彩图 21　饲料青贮的装填

彩图 22　饲料青贮的装填和压实

彩图 23　捆草机打捆

彩图 24　自走式裹膜机
薄膜包裹青贮玉米

饲料科学配制与应用丛书

肉牛实用饲料
配方手册

主　编　魏刚才　刘海林

副主编　程　征　李振亮　董天岭

编　者　刘海林（河南省新乡市动物疫病预防控制中心）
　　　　李振亮（河南省濮阳市华龙区农业农村局）
　　　　李先斌（河南省新乡市小冀镇人民政府）
　　　　赵雪芹（河南科技学院）
　　　　程　征（河南农业职业学院）
　　　　董天岭（河南省濮阳市范县农业农村局）
　　　　魏里朋（海南大学）
　　　　魏刚才（河南科技学院）

机械工业出版社

本书共分为 4 章，分别从肉牛的营养需要及常用饲料原料、肉牛饲料的加工调制、肉牛的饲养标准及饲料配方设计方法等方面进行了系统的介绍，最后一章列举了大量的肉牛饲料配方实例供大家参考。本书紧扣生产实际，注重系统性、科学性、实用性和先进性，并提炼出"提示""注意"等小栏目，以使肉牛养殖户少走弯路。

本书适合牛场饲养管理人员和广大养牛专业户阅读，也可供农林院校相关专业师生参考。

图书在版编目（CIP）数据

肉牛实用饲料配方手册/魏刚才，刘海林主编. —北京：机械工业出版社，2021.10（2023.5 重印）

（饲料科学配制与应用丛书）

ISBN 978-7-111-69198-3

Ⅰ.①肉… Ⅱ.①魏… ②刘… Ⅲ.①肉牛–饲料–配方–手册 Ⅳ.①S823.95-62

中国版本图书馆 CIP 数据核字（2021）第 195126 号

机械工业出版社（北京市百万庄大街 22 号　邮政编码 100037）
策划编辑：周晓伟　高　伟　责任编辑：周晓伟　高　伟
责任校对：王　欣　　　　责任印制：张　博
中教科（保定）印刷股份有限公司印刷
2023 年 5 月第 1 版第 2 次印刷
145mm×210mm·5 印张·2 插页·141 千字
标准书号：ISBN 978-7-111-69198-3
定价：29.80 元

电话服务　　　　　　　　　　网络服务

客服电话：010-88361066　　机 工 官 网：www.cmpbook.com

　　　　　010-88379833　　机 工 官 博：weibo.com/cmp1952

　　　　　010-68326294　　金 书 网：www.golden-book.com

封底无防伪标均为盗版　　机工教育服务网：www.cmpedu.com

前　言 / PREFACE

　　随着肉牛业的规模化、集约化发展，环境、饲料营养对肉牛生产性能和健康的影响显得愈加重要，其中饲料营养成为最为关键的因素。只有提供充足平衡的日粮，使肉牛获得全面均衡的营养，才能使其高产潜力得以发挥。饲料配方是保证动物获得充足、全面、均衡营养的关键技术，是提高动物生产性能和维护动物健康的基本保证。饲料配方的设计不是一个简单的计算过程，而是设计者所具备的动物生理、动物营养、饲料、养殖技术、动物环境卫生等方面科学知识的集中体现。只有运用丰富的营养与饲料学知识，结合不同动物的种类和阶段，才能设计出可应用于实践的既能保证生产性能，又能最大限度降低饲养成本的好配方。为了使广大肉牛养殖场（户）技术人员熟悉有关的饲料学和营养学知识，了解饲料原料选择及有关饲料、添加剂、药物使用规定等信息，掌握饲料配方设计技术，使好的配方尽快应用于生产实践，特组织有关人员编写了本书。

　　本书分别从肉牛的营养需要及常用饲料原料、肉牛饲料的加工调制、肉牛的饲养标准及饲料配方设计方法等方面进行了系统的介绍，最后还列举了大量的肉牛饲料配方实例供大家参考。本书在编写过程中，力求理论联系实际，体现实用性、科学性和先进性，不仅适合牛场饲养管理人员和广大养牛专业户阅读，也可供农林院校相关专业师生参考。

　　需要特别说明的是，本书所用饲料添加剂及其使用剂量等仅供读

者参考，不可照搬。在生产实际中，所用药物添加剂的学名、常用名与实际商品名称有差异，药物浓度也有所不同，建议读者在使用每一种药物添加剂之前，参阅厂家提供的产品说明以确认用量、使用方法、使用时间及禁忌等。

由于编者水平有限，书中难免会有错误和不当之处，敬请广大读者批评指正。

编　者

目 录 / CONTENTS

第一章
肉牛的营养需要及常用饲料原料

第一节　肉牛的营养需要

　　肉牛的营养需要主要包括以下方面：一是维持需要，指肉牛在维持一定体重的情况下，保持正常生理功能所需的养分，以及为维持最低限度的能量和修补代谢中损失的组织细胞，保持基本的体温所需的养分。通常情况下肉牛所采食的营养有 1/3～1/2 用在维持上，维持需要的营养越小越经济。影响维持需要的因素有运动、气候、应激、卫生环境、个体大小、牛的习性和个性、个体要求、生产管理水平和是否哺乳等。二是生长需要，指能满足牛体骨骼、肌肉、内脏器官及其他部位体积增加所需的养分。在经济上具有重要意义的是肌肉、脂肪和乳房发育所需的养分，这些营养要求随牛的年龄、品种、性别及健康状况而异。三是繁殖需要，指母牛能正常生育和哺育犊牛所需的养分。能量不足，母牛产后膘情恢复慢，发情率和受胎率低；蛋白质不足，母牛延迟发情，犊牛初生重减轻。碘不足，造成犊牛出生后衰弱或死胎；维生素 A 不足，会使犊牛畸形、衰弱，甚至死亡。四是育肥需要，指能增加牛肌肉间、皮下和腹腔间脂肪蓄积所需的养分。育肥可改善牛肉的风味、柔嫩度、产量、质量等级及销售等级，具有直接的经济意义。五是泌乳需要，指妊娠牛产犊后能给犊牛提供足够乳汁所需的养分。过瘦的母牛常常产后缺奶，这在黄牛繁殖时经常出现，主要是由于不注意妊娠后期的母牛营养所致。

【提示】
　　肉牛的生存、生长和繁衍后代等生命活动，离不开营养物

质。饲料中凡能被肉牛用来维持生命、生产产品、繁衍后代的物质，均称为营养素（营养物质）。饲料中含有各种各样的营养素，如水、干物质、能量等，不同的营养素具有不同的营养作用。不同类型、不同阶段、不同生产水平的肉牛对营养素的需要也是不同的。

一、肉牛对水的需要

1. 水的营养生理作用

水是动物必需的养分。水除作为养分外，还具有多种重要的用途，如水参与动物体内许多生物化学反应，具有运输其他养分的作用。体温调节、营养物质的消化代谢、有机物质的水解、废物的排泄、内环境的稳定、神经系统的缓冲、关节的润滑等都需要水的参与。

【注意】

> 肉牛的饮水量是采食量的 3～8 倍，因缺水而死亡的速度比饥饿致死快得多。

2. 水的来源及排出途径

肉牛所需要的水主要来源于饮水、饲料水。另外，有机物质在体内氧化分解或合成过程中所产生的代谢水也是其来源之一。

肉牛体内的水经复杂的代谢可以通过粪尿的排泄、肺脏和皮肤的蒸发等途径排出体外，保持体内水的平衡。由尿中排出的水通常可占总排水量的一半左右；粪中排出的水受饲料性质和饮水的影响，采食多汁饲料和饮水较多时，粪中水含量增加；通过肺脏和皮肤蒸发排出的水，随温度的升高和运动量的增加而增加。

3. 肉牛对水的需要量

肉牛对水的需要量与肉牛的品种、年龄、体重、饲料干物质采食量，以及季节、气温等多种因素有关。如气温为 -5～15℃时，肉牛每采食 1 千克饲料干物质需要饮水 2～4 千克；气温为 15～25℃时，肉牛每采食 1 千克饲料干物质需要饮水 3～5 千克；

气温为 25 ~ 35℃时，肉牛每采食 1 千克饲料干物质需要饮水 4 ~ 10 千克；气温高于 35℃时，肉牛每采食 1 千克饲料干物质需要饮水 8 ~ 15 千克。

【提示】

在生产实践中，最好的方法是给肉牛提供充足的饮水。根据肉牛群的大小，设立足够的饮水槽或饮水器，使所有的肉牛都能够有机会自由饮水。尤其在炎热的夏天，饮水不足还可导致肉牛不能及时散发体热、有效调节体温。因此给肉牛提供充足的饮水是非常重要的。

【注意】

在给肉牛提供充足饮水的同时还要注意饮水的质量，当水中食盐含量超过 1% 时，就会发生食盐中毒。含过量的亚硝酸盐和 pH 高的水对肉牛也非常有害。

二、肉牛对干物质的需要

肉牛干物质采食量（DMI）受体重、增重速度、饲料能量浓度、日粮类型、饲料加工、饲养方式和气候因素的影响。

根据国内试验和测定资料汇总得出，日粮代谢能浓度在 8.4 ~ 10.5 兆焦/千克干物质时，生长育肥牛的干物质采食量计算公式为

$$DMI = 0.062W^{0.75} + (1.5296 + 0.00371W)G$$

式中，$W^{0.75}$ 为代谢体重，即体重的 0.75 次方，单位为千克；W 为体重，单位为千克；G 为日增重，单位为千克。

妊娠后半期母牛的干物质采食量为

$$DMI = 0.062W^{0.75} + (0.790 + 0.005587t)$$

式中，$W^{0.75}$ 为代谢体重，即体重的 0.75 次方，单位为千克；W 为体重，单位为千克；t 为妊娠天数。

哺乳母牛的干物质采食量为

$$DMI = 0.062W^{0.75} + 0.45FCM$$

式中，$W^{0.75}$ 为代谢体重，即体重的 0.75 次方，单位为千克；W 为体

重，单位为千克；FCM 为 4% 乳脂标准乳预计量，单位为千克。

三、肉牛对能量的需要

能量是肉牛营养的重要基础，是构成机体组织、维持生理功能和增加体重的主要原料。肉牛所需的能量除用于维持需要外，多余的能量用于生长和繁殖。肉牛所需要的能量来源于饲料中的碳水化合物、脂肪和蛋白质。最重要的能源是挥发性脂肪酸［即饲料中的碳水化合物（组纤维、淀粉等）在瘤胃中的发酵产物］。脂肪的能量虽然比其他养分高 2 倍以上，但作为饲料中的能源来说并不占主要地位。

【注意】

　　蛋白质也可以产生能量，但从资源的合理利用及经济效益考虑，用蛋白质供能是不适宜的，在配制日粮时应尽可能用碳水化合物提供能量。

当能量水平不能满足肉牛需要时，则肉牛的生产力下降，健康状况恶化，饲料能量的利用率降低。生长期能量不足，则肉牛生长停滞。肉牛能量营养水平过高对生产和健康同样不利。能量营养过剩，可造成机体能量大量沉积（过肥），繁殖力下降。由此不难看出，合理的能量营养水平对提高肉牛能量利用效率、保证肉牛的健康、提高生产力具有重要的实践意义。

【提示】

　　能量是肉牛营养需要的一个重要方面，由于肉牛饲料的能量用于维持和增重的效率差异较大，以致饲料能量价值的评定和能量需要的确定比较复杂。

1. 能量体系

各国肉牛饲养标准采用了不同的能量体系。例如，以英国为代表的代谢能体系，由于饲料代谢能浓度转化为增重净能和维持净能的效率差异较大，就必须在能量需要表中列出不同代谢能浓度的档次，而同一增重的各能量浓度档次的能量需要量各不相同，这样在使用时就

很复杂，同时也会对饲料成分表中所列出的能量价值造成误解。美国NBC肉牛饲养标准将维持和增重的需要分别以维持净能和增重净能表示。维持净能是指肉牛在不增重、只维持正常生理活动所需要的能量；增重净能是指肉牛用来增重所需要的能量。每种饲料也列出维持净能和增重净能2种数值。这种体系在计算上较为准确，但用起来也很麻烦，生产中难以推广应用。法国、荷兰和北欧等国家采用综合净能来统一评定维持和增重2种净能。

为了解决消化能（或代谢能）转化为维持净能和增重净能效率不同的矛盾，并且在应用时比较方便，我国肉牛饲养标准把维持净能与增重净能结合起来称为综合净能，并用肉牛能量单位（RND）表示能量价值，为便于国际交流，其英语缩写为BCEU（Beef Cattle Energy Unit）。

2. 饲料能值的测算

在肉牛生产中一般用综合净能或肉牛能量单位表示饲料的能值。

（1）综合净能的评定　用实验方法（体外法）评定肉牛的饲料消化能工作效率较高，成本较低，用体内消化率进行校正也较容易，并且消化能转化为代谢能的效率也很稳定。所以，本标准采用饲料消化能作为评定能量价值的基础。饲料消化能转化为净能的效率用统一公式计算。

1）饲料消化能转化为维持净能的效率。饲料消化能转化为维持净能的效率较高且比较稳定，但是也受消化能浓度（DE/DM）的影响，各国研究的结果较相似。根据国内饲养试验和消化代谢实验结果，所得出的计算消化能转化为维持净能的效率（K_m）的回归式为：

$$K_m = 0.1875(DE/GE) + 0.4579$$

式中，DE 为饲料消化能；GE 为饲料总能。

2）饲料消化能转化为增重净能的效率。饲料消化能转化为增重净能的效率较低，而且受能量浓度的影响很大。各国已进行了很多研究，计算的公式有所不同。根据国内饲养试验和消化代谢实验

结果，所得出的计算消化能转化为增重净能的效率（K_f）的回归公式为：

$$K_f = 0.5230(DE/GE) + 0.00589$$

3）肉牛饲料消化能对维持和增重的综合效率（K_{mf}）按以下公式计算：

$$K_{mf} = K_m K_f APL / [K_f + (APL - 1)K_m]$$
$$APL = (NE_m + NE_g)/NE_m$$

式中，APL 为生产水平，即总净能需要与维持净能需要之比；NE_m 为维持净能；NE_g 为增重净能。

如果对饲料综合净能价值的评定采用不同档次的 APL，将造成一种饲料有几个不同的综合净能价值，应用时很不方便。因此，对饲料综合净能价值的评定统一用 APL = 1.5 计算。即饲料的综合净能（NE_{mf}）= DEK_{mf} = $DE[(K_m K_f \times 1.5)/(K_f + K_m \times 0.5)]$。

（2）肉牛能量单位　为了生产中应用方便，本标准将肉牛综合净能值以肉牛能量单位表示，并以 1 千克中等玉米所含的综合净能值 8.08 兆焦为一个肉牛能量单位，即 RND = $NE_{mf}/8.08$。

3. 肉牛对能量的需要量

（1）维持能量需要　维持能量需要是肉牛维持生命活动，包括基础代谢、自由运动、保持体温等所必需的能量。维持能量需要与代谢体重（$W^{0.75}$）成比例，我国肉牛饲养标准推荐的计算公式为：

$$NE_{mf} = 322W^{0.75}$$

此数值适合于中等温度、舍饲、有轻微运动和无应激环境条件下使用。维持能量需要受肉牛的性别、品种、年龄、环境等因素的影响，这些因素的影响程度可达 3% ~ 14%。当气温低于 12℃时，每降低 1℃，维持能量需要增加 1%。

（2）增重能量需要　增重能量需要是由肉牛增重时所沉积的能量来确定的，包括肌肉、骨骼、体组织、体脂肪的沉积等。肉牛的能量沉积就是增重净能，我国饲养标准对生长肉牛增重净能的计算公式为：

增重净能 = 日增重 × (2092 + 25.1 × 体重)/(1 − 0.3 × 日增重)

式中，日增重和体重的单位均为千克；增重净能的单位为千焦。

生长母牛的增重净能需要在上式计算基础上增加10%。

(3) 妊娠母牛的能量需要 根据国内78头母牛饲养试验结果，在维持净能需要的基础上，不同妊娠天数每千克胎儿增重的维持净能为：

$$NE_m = 0.19769t − 11.76122$$

式中，t 为天数。

不同妊娠天数、不同体重母牛的胎儿日增重 = (0.00879t − 0.85454) ×
$$(0.1439 + 0.0003558W)$$

式中，W 为母牛体重，单位为千克。

由上述两式计算出不同体重母牛妊娠后期各月的维持净能需要，再加维持净能需要 ($0.322W^{0.75}$)，即为总维持净能需要。总维持净能需要乘以 0.82 即为综合净能（NE_{mf}）需要。

(4) 哺乳母牛的能量需要 泌乳的净能需要为每千克4%乳脂率的标准乳3.138兆焦。代谢能用于维持和泌乳的效率相似。所以，维持和泌乳净能需要都以维持净能表示，维持的净能需要为 $0.322W^{0.75}$。总的维持净能需要经校正后即为综合净能需要。

四、肉牛对蛋白质的需要

蛋白质是生命的重要物质基础，它主要由碳、氢、氧、氮4种元素组成，有些蛋白质还含有少量的硫、磷、铁、锌等。蛋白质是能提供牛体氮素的物质，因此，它的作用是脂肪和碳水化合物所不能代替的。常规饲料分析测得的蛋白质包括真蛋白质和氨化物，通常称为粗蛋白质，其数值等于样品总含氮量乘以 6.25。

1. 蛋白质的营养作用（图1-1）

2. 肉牛对蛋白质的需要量

(1) 生长育肥牛的粗蛋白质需要量 维持的粗蛋白质需要量 = $5.5W^{0.75}$。

增重的粗蛋白质需要量 $= \Delta W[(168.07 \sim 0.16869)W +$
$0.0001633W^2] \times (1.12 \sim 0.1233)\Delta W/0.34$

式中，ΔW 为日增重，单位为千克；W 为体重，单位为千克。

（2）妊娠后期母牛的粗蛋白质需要量　维持的粗蛋白质需要量 $=$
$4.6W^{0.75}$。

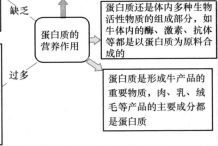

图1-1　蛋白质的营养作用

在维持基础上粗蛋白质的给量：6 个月时为 77 克，7 个月时为
145 克，8 个月时为 255 克，9 个月时为 403 克。

（3）哺乳母牛的粗蛋白质需要量　维持的粗蛋白质需要量 $=$
$4.6W^{0.75}$。

按每千克 4% 乳脂率的标准乳生产需粗蛋白质 85 克。

五、肉牛对矿物质的需要

矿物质是维持机体组织、细胞代谢和正常生理功能所必需的。肉
牛需要的矿物质元素至少有 17 种，包括常量矿物质元素钙、磷、钾、
钠、氯、镁、硫等，微量矿物质元素钴、铜、碘、铁、锰、硒、锌、
钼等。主要矿物质元素的种类及作用见表 1-1。

表 1-1　主要矿物质元素的种类及作用

种类	主要功能	缺乏或过量的危害	备注
钙和磷	钙和磷是骨骼和牙齿的重要成分，约有99%的钙和80%的磷存在于骨骼和牙齿中。钙是细胞和组织液的重要成分，参与血液凝固，维持血液的正常pH，以及肌肉和神经的正常功能；磷是磷脂、核酸的组成成分，参与糖代谢和生物氧化过程，形成高能磷酸键的化合物，维持体内的酸碱平衡	缺钙时，犊牛生长停滞，发生佝偻病，成年牛发生骨软症，妊娠母牛易出现难产，胎衣不下和子宫脱出，哺乳母牛易发生产后瘫痪，缺磷时，肉牛食欲下降，出现"异食癖"，如采食木头、砖块和毛皮等异物，母牛发情无规律，乏情，泌乳量下降，卵巢囊肿及受胎率低，或发生流产、产下生活力很弱的犊牛。钙过多会影响锌、锰、铜的吸收利用，影响瘤胃微生物的活动而降低日粮中有机物质消化率；磷过多会引起牛卵巢肿大，配种期延长，受胎率下降。日粮中钙、磷比例不当也会影响磷在消化道中的吸收	理想的钙、磷比是（1~2）:1。钙、磷的需要量计算公式如下： 肉牛对钙的需要量＝(0.0154W + 0.071ΔW + 1.23W' + 0.0137$\Delta W'$)/0.5 肉牛对磷的需要量＝(0.0280W + 0.039ΔW + 0.95W' + 0.0076$\Delta W'$)/0.85 注：W为体重，单位为千克；ΔW为日增重，单位为克；W'为日泌乳量，单位为千克；$\Delta W'$为胎儿日增重，单位为克
钠与氯	钠与氯对维持体内酸碱平衡、细胞渗透压和调节体温起重要作用。氯参与胃酸的形成，为饲料蛋白质在真胃内消化和保证胃蛋白酶作用所必需。它还能改善饲料的适口性	缺钠和氯时，肉牛食欲下降、生长缓慢、体重减轻，泌乳量下降，皮毛粗糙，繁殖机能降低	肉牛日粮中需补充食盐来满足钠和氯的需要。食盐供给量应占日粮干物质的0.3%。饲喂青贮饲料时，需食盐量比饲喂干草时多，饲喂粗饲料日粮比饲喂精饲料日粮时多，饲喂青绿多汁的饲料时要比饲喂枯老饲料时多

（续）

种类	主要功能	缺乏或过量的危害	备注
镁	镁是碳水化合物和脂肪代谢中一系列酶的激活剂，它可影响神经肌肉的兴奋性，低浓度时可引起痉挛	成年牛的低镁痉挛（也称草痉挛或泌乳痉挛）最易发生的是放牧的泌乳母牛，尤其是早春在良好草地放牧，母牛采食量下降，表现为泌乳量下降，食欲降低，兴奋和运动失调，如不及时治疗，可导致死亡	大约70%的镁存在于骨骼中。肉牛对镁的需要量占日粮干物质的0.16%。一般肉牛日粮中不用补充镁。泌乳牛较不泌乳牛对镁缺乏反应更敏感
钾	钾在牛体内以细胞内含量最多。钾具有维持细胞内渗透压和调节酸碱平衡的作用，对神经、肌肉的兴奋性有重要作用。钾还是某些酶系统所必需的元素	缺钾时，肉牛食欲减退，被毛无光泽，生长发育缓慢，异嗜，饲料利用率下降，泌乳量减少；日粮中钾含量过高会影响镁和钠的吸收	肉牛对钾的需要量占日粮干物质的0.65%。一般肉牛日粮中不补充钾。夏季给肉牛补钾，可缓解热应激对肉牛的影响
硫	硫在牛体内主要存在于含硫氨基酸（蛋氨酸、胱氨酸和半胱氨酸），含硫维生素（硫胺素、生物素）和含硫激素（胰岛素）中。硫是瘤胃微生物活动中不可缺少的元素，特别是瘤胃微生物蛋白质的合成，能将无机硫结合进含硫氨基酸和蛋白质中	缺硫时，会影响肉牛对粗纤维的消化率，降低氮的利用率	肉牛对硫的需要量占日粮干物质的0.16%。日粮中添加尿素时，易发生缺硫现象。日粮中氮和硫之比以（10～15）:1为宜，如每补100克尿素加3克硫酸钠

（续）

种类	主要功能	缺乏或过量的危害	备注
铁	铁是血红蛋白的重要组成部分。铁作为许多酶的组成成分，参与细胞内生物氧化过程	缺铁会发生缺铁性贫血（血红蛋白过少及红细胞比容降低），皮肤和黏膜苍白，食欲减退，生长缓慢，体重下降，舌乳头萎缩	肉牛对铁的需要量为每千克日粮50毫克。长期喂奶的犊牛易出现缺铁现象
铜	铜可促进铁在小肠的吸收，是形成血红蛋白的催化剂，还是许多酶的组成成分或激活剂，参与细胞内氧化磷酸化的能量转化过程，可促进骨和胶原蛋白的生成及磷脂的合成，参与被毛和皮肤色素的代谢，与肉牛的繁殖有关	缺铜时，表现为母牛体重减轻，泌乳量下降，胚胎早期死亡，胎衣不下，空怀增多；公牛性欲减退，精子活力下降，受精率降低，易发生巨细胞低色素型贫血，被毛褪色，犊牛消瘦，生长发育缓慢，消化紊乱。铜过量对肉牛的健康和生产性能不利，甚至会引起中毒	肉牛对铜的需要量为每千克日粮8毫克，对日粮中铜的最大耐受量为100毫克/千克日粮
钴	钴是维生素 B_{12} 的组成成分（牛瘤胃中微生物可利用饲料中提供的钴合成维生素 B_{12}）。钴还与蛋白质、碳水化合物代谢有关，参与丙酸和糖原异生作用，也是保证生殖机能的元素之一	缺钴时，肉牛表现为饮欲丧失，消瘦，黏膜苍白，贫血，幼牛生长缓慢，被毛无光泽，生产力下降；母牛表现为受胎率显著降低，若补充钴制剂，可显著提高受胎率	肉牛对钴的需要量为每千克日粮0.10毫克

（续）

种类	主要功能	缺乏或过量的危害	备注
锌	锌是牛体内多种酶的构成成分，直接参与蛋白质、核酸、碳水化合物的代谢。锌还是一些激素的必需成分或激活剂，可以控制上皮细胞的角化过程和修复过程，是创伤愈合的必需因子，并可调节机体内的免疫机能，增强机体的抵抗力	缺锌时，肉牛食欲减退，消化功能紊乱，异嗜，上皮细胞角化不全，创伤难愈合，皮肤发生皮炎（特别是颈、头及腿部），皮肤增厚，有痂皮和鳞裂，泌乳量下降，生长缓慢，睾液过多，瘤胃挥发性脂肪酸产量下降，繁殖力受损害	肉牛对锌的需要量为每千克日粮 40 毫克
锰	锰是许多参与碳水化合物、脂肪、蛋白质代谢的酶的辅助因子，参与骨骼的形成，维持牛的繁殖机能，具有增强瘤胃微生物消化粗纤维的能力	缺锰时，肉牛生长缓慢，被毛干燥或褪色素减退；接牛出现骨变形和跛行，运动共济失调。公、母牛生殖机能退化，母牛发育不正常，受胎延迟，早产或流产；公牛睾丸萎缩，精子生成不正常，精子活力下降，受精能力降低	肉牛对锰的需要量为每千克日粮 40 毫克
碘	碘是牛体内合成甲状腺素的原料，在基础代谢、生长发育、繁殖等方面有重要作用	缺碘时，肉牛甲状腺增生肥大，幼牛生长迟缓，骨骼短小；公牛性欲减退，精液品质低劣；母牛缺碘可导致胎儿发育受阻，早期胚胎死亡，流产，胎衣不下	肉牛对碘的需要量为每千克日粮 0.25 毫克
硒	硒具有与维生素E相似的作用，是合成脂肪酸过氧化物酶的组成成分，能把过氧化脂类氧化还原，保证生物膜的完整性。硒刺激免疫球蛋白的产生，是维持牛繁殖性能所需的元素	缺硒地区的肉牛常发生白肌病，精神沉郁，消化不良，运动共济失调；幼牛生长迟缓，消瘦，并表现出持续性拉稀；母牛繁殖机能障碍，胎盘滞留，死胎，胎儿皮发育不良等；公牛精液品质下降	肉牛对硒的需要量为每千克日粮 0.3 毫克。补硒的同时补充维生素E，对改善肉牛的繁殖性能比单纯补硒在任何一种情况下效果更好

六、肉牛对维生素的需要

肉牛所需要的维生素主要来源于饲料和体内微生物的合成，主要有脂溶性维生素和水溶性维生素两大类。

1. 脂溶性维生素

脂溶性维生素包括维生素 A、维生素 D、维生素 E 和维生素 K。在春夏季节牧草品质优良或秋冬季节有优质干草和青贮饲料的条件下，一般不会缺乏维生素 A、维生素 D 和维生素 E，同时肉牛的瘤胃微生物能合成维生素 K，一般也不易缺乏。

肉牛对维生素 A 的需要量（按每千克饲料干物质计）：生长育肥牛为 2200 国际单位（或 5.5 毫克胡萝卜素），妊娠母牛为 2800 国际单位（或 7.0 毫克胡萝卜素），泌乳母牛为 3800 国际单位（或 9.75 毫克胡萝卜素）；对维生素 D 的需要量为每千克饲料干物质 275 国际单位，犊牛、生长牛和成年母牛每 100 千克体重需 660 国际单位维生素 D；正常饲料中不缺乏维生素 E，犊牛对日粮中维生素 E 的需要量为每千克干物质 15～60 国际单位。

各种新鲜或干燥的绿色多叶的植物中含有丰富的维生素 K，正常情况下肉牛的瘤胃微生物能合成大量的维生素 K，所以在一般的饲养标准中，未规定在日粮中补充维生素 K。

☞【注意】

当肉牛采食发霉腐败的草木樨时，易发生双香豆素中毒（其结构与维生素 K 相似，但功能与维生素 K 拮抗），出现维生素 K 不足的症状，如机体衰弱、步态不稳、运动困难、体温低、发抖、瞳孔放大、凝血时间变慢、皮下血肿或鼻孔出血等，可用维生素 K 添加剂进行治疗。

2. 水溶性维生素

水溶性维生素包括 B 族维生素和维生素 C。B 族维生素中除维生素 B_{12} 外，其他 B 族维生素广泛存在于各种酵母、优质干草、青绿饲料、青贮饲料、籽实类的种皮和胚芽中，并且犊牛一般在 6 周龄后瘤胃微生物能合成足够的 B 族维生素，故很少缺乏。

【注意】

　　生产中 B 族维生素缺乏症多发生在瘤胃发育不全的幼龄牛和存在拮抗物或缺乏前体物而瘤胃合成受到限制的情况下。

【提示】

　　维生素 C 来源广泛，对于肉牛来说，一般不考虑维生素 C 的需要量，因为牛体组织和瘤胃中的微生物能够合成足够的维生素 C。一般不用补饲，但在应激状况下，体内合成能力下降，而消耗量却增加，必须额外补充。

七、肉牛对粗纤维的需要

　　为了保证肉牛的日增重和瘤胃正常发酵功能，日粮中粗饲料应占 40%～60%，含有 15%～17% 的粗纤维（CF）、19%～21% 的酸性洗涤纤维（ADF）、25%～28% 的中性洗涤纤维（NDF），并且日粮中中性洗涤纤维总量的 75% 必须由粗饲料来提供。

第二节　肉牛的常用饲料原料

　　饲料原料又称单一饲料，是指以一种动物、植物、微生物或矿物质为来源的饲料。单一饲料原料所含养分的数量及比例都不符合肉牛的营养需要。肉牛的饲料原料主要由粗饲料、青绿饲料、青贮饲料、能量饲料、蛋白质饲料、矿物质饲料、维生素和添加剂等部分组成。

一、粗饲料

　　粗饲料是指天然水分含量小于 45%，干物质中粗纤维含量大于或等于 18%，并以风干物质为饲喂形式的饲料，包括干草与农副产品（如秸秆、秕壳、藤蔓、荚壳、树叶、糟渣类等）。

【提示】

粗饲料是肉牛主要的饲料来源。虽然粗饲料消化率低，但它具有来源广、数量大、成本低的优势，在肉牛日粮中占有较大比重。它们不仅提供养分，而且可以促进肌肉生长，满足肉牛反刍及正常消化等生理功能的需求，还具有填充胃肠道、使肉牛有饱感的作用。因此，粗饲料是肉牛饲粮中不可缺少的部分，对肉牛极为重要。

1. 秸秆饲料

秸秆通常指农作物在籽实成熟并收获后剩余的植株，由茎秆和枯叶组成，包括禾本科秸秆和豆科秸秆两大类。这类饲料最大的特点是：质地坚硬，适口性差，不易消化，采食量低；粗纤维含量高，一般都在30%以上，其中木质素所占比例大；粗蛋白质含量很低，仅3%~8%；粗灰分含量高，含有大量的硅酸盐，除豆秆、薯秧外，大多数钙、磷含量低；维生素中，除维生素D外，其余均较缺乏；有机物的消化率一般不超过60%，但有机物总量高达80%以上，总能值与玉米、淀粉相当。

（1）**稻草** 稻草营养价值很低，粗蛋白质含量为3%~5%，粗脂肪含量为1%左右，粗纤维含量为35%；粗灰分含量较高，约为17%，但硅酸盐所占比例大；钙、磷含量低，分别为0.29%和0.07%，远低于家畜的生长和繁殖需要。

【提示】

我国稻草产量为1.88亿吨/年。研究表明，牛对稻草消化率为50%。为了提高稻草的饲用价值，除了添加矿物质和能量饲料外，还应对稻草作氨化、碱化处理。经氨化处理后，稻草的含氮量可增加1倍，且其中氮的消化率可提高20%~40%。

（2）**玉米秸** 玉米秸质地坚硬，肉牛对玉米秸粗纤维的消化率在65%左右，对无氮浸出物的消化率在60%左右。玉米秸青绿时，胡萝卜素含量较高，为3~7毫克/千克。

【提示】

玉米秸的饲用价值低于稻草。为了提高玉米秸的饲用价值，一方面，在果穗收获前，在植株的果穗上方留下 1 片叶后，削取上梢饲用，或制成干草、青贮料。削取上梢可改善通风和光照条件，并不会影响籽实产量。另一方面，在玉米秸全株收获后，立即将上半株或上 2/3 株切碎直接饲喂牛或调制成青贮饲料使用。

【小知识】

生长期短的夏播玉米秸，比生长期长的春播玉米秸粗纤维少，易消化。同一株玉米秸，上部比下部的营养价值高，叶片又比茎秆的营养价值高，肉牛较为喜食。玉米秸的营养价值优于玉米芯，而和玉米苞叶的营养价值相似。

（3）**麦秸** 常用作肉牛饲料的有小麦秸、大麦秸和燕麦秸。小麦秸粗纤维含量高，并含有硅酸盐和蜡质，适口性差，营养价值低，但经氨化或碱化处理后效果较好。大麦秸的产量比小麦秸要低得多，但适口性和粗蛋白质含量均高于小麦秸。在麦类秸秆中，燕麦秸是饲用价值最好的一种，其消化能达 9.17 兆焦/千克。

（4）**谷草** 谷草即粟的秸秆，其质地柔软厚实，适口性好，营养价值高。在各类禾本科秸秆中，以谷草的品质为最好，铡碎后与野干草混喂，效果更好。

（5）**豆秸** 如大豆秸、豌豆秸和蚕豆秸等。由于豆科作物成熟后叶子大部分凋落，因此豆秸主要以茎秆为主，茎已木质化，质地坚硬，维生素与蛋白质含量也减少，但与禾本科秸秆相比较，其粗蛋白质含量和消化率都较高。大豆秸适于喂肉牛，风干大豆秸含有的消化能为 6.82 兆焦/千克。

【注意】

在各类豆秸中，豌豆秸的营养价值最高，但是新豌豆秸水分较多，容易腐败变黑，使部分蛋白质分解，营养价值降低，因此刈割后要及时晾晒，干燥后贮存。在利用豆秸类饲料时，要很好地加工调制，搭配其他精粗饲料混合饲喂。

2. 秕壳饲料

农作物收获脱粒时，除分离出秸秆外还分离出许多包被籽实的颖壳、荚皮与外皮等，这些物质统称为秕壳。除稻壳、花生壳外，一般秕壳的营养价值略高于同一作物的秸秆。

（1）豆荚类 如大豆荚、豌豆荚和蚕豆荚等，无氮浸出物含量为42%～50%，粗纤维含量为33%～40%，粗蛋白质含量为5%～10%，消化能为7.0～11.0兆焦/千克，饲用价值较好，尤其适于反刍家畜利用。

（2）谷类皮壳 主要谷类皮壳饲料有稻壳、棉籽壳和燕麦壳等。这类饲料数量大，来源广，值得重视。

【注意】

稻壳的营养价值很低，消化能低，适口性也差。稻壳经过适当的处理（如氨化、碱化、高压蒸煮或膨化），可提高其营养价值。另外，大麦秕壳带有芒刺，易损伤牛的口腔黏膜，引起口腔炎。

（3）其他秕壳 一些经济作物副产品（如花生壳、油菜壳、棉籽壳、玉米芯和玉米苞叶等）也可作为肉牛饲料。这类饲料营养价值很低，必须经粉碎后与精料补充料、青绿多汁饲料搭配使用。

【注意】

棉籽壳含有棉酚（约0.068%），饲喂时要小心，以防引起中毒。

3. 干草（青干草）

干草是将牧草及禾谷类作物在尚未成熟之前刈割，经自然或人工干燥后调制成的能长期保存的饲草，因仍保留有一定的青绿色，故称"青干草"。干草可常年供家畜饲用。优质干草的颜色为青绿色，气

味芳香，质地柔松，适口性好，叶片不脱落或脱落很少，绝大部分的蛋白质和脂肪、矿物质、维生素被保存下来，是肉牛冬季和早春必备的优质粗饲料。我国的牧草资源比较丰富，南方的草山草坡很多，为制作干草提供了充足的原料。

干草的营养价值与原料种类、生长阶段、调制方法有关。多数干草消化能为 8 ~ 10 兆焦/千克，少数优质干草消化能可达到 12.5 兆焦/千克。还有部分干草的消化能低于 8 兆焦/千克。干草粗蛋白质含量变化较大，平均为 7% ~ 17%，个别豆科牧草粗蛋白质含量可以高达 20% 以上。粗纤维含量高，为 20% ~ 35%，但其中纤维的消化率较高。此外，干草中矿物质元素含量丰富。维生素 D 含量可达 16 ~ 150 毫克/千克，胡萝卜素含量为 5 ~ 40 毫克/千克。

【注意】

干草饲喂前要加工调制，常用的加工方法有铡短、粉碎、压块和制粒。铡短是较常用的方法，对于优质干草，更应该铡短后饲喂，这样可以避免牛挑食和浪费。有条件的情况下，干草制成颗粒饲用，可明显提高干草的利用率。干草可以单喂，饲喂时最好将不同质量的干草搭配饲喂，利用饲槽让牛随意采食；干草也可以与精料补充料混合喂，混合饲喂的好处是避免牛挑食和剩料，增加干草的适口性和采食量；粗蛋白质含量低的干草可配合尿素使用，有利于补充肉牛所需的粗蛋白质。

【提示】

干草是牧草长期贮藏的最好方式，打捆后容易运输和饲喂，喂肉牛还可以促进其消化道蠕动，增加瘤胃微生物的活力。但收割时需要大量劳力和机器设备，收割过程中有一定营养损失，如果草晒制的时间不够，水分含量高，在贮存过程中容易产热而发生自燃。

4. 林业副产品

林业副产品主要包括树叶、嫩枝和木材加工下脚料。大多数树叶（包括青叶和秋后落叶）及其嫩枝和果实，可用作肉牛饲料。有些优质青树叶还是肉牛很好的蛋白质和维生素饲料来源，如紫穗槐、洋槐和银合欢等树叶。新采摘的槐树叶、榆树叶、松树针等，蛋白质含量一般占干物质的25%～29%，是很好的蛋白质补充料，同时，还含有大量的维生素和生物激素。树叶可直接饲喂畜禽，而嫩枝、木材加工下脚料可通过青贮、发酵、糖化、膨化、水解等处理方式加以利用。

【提示】

除树叶外，许多树木的籽实（如橡子、槐豆等），以及果园的残果、落果也是肉牛的良好多汁饲料。

【注意】

有些树叶中含有单宁，有涩味，肉牛不喜采食，必须加工调制（发酵或青贮）后再喂。有的树木有剧毒，如英竹桃等，要严禁饲喂。

二、青绿饲料

青绿饲料是指天然水分含量大于或等于60%的青绿多汁饲料，主要包括天然牧草、人工栽培牧草、田间杂草、青饲作物、叶菜类、非淀粉质根茎瓜类、水生植物及树叶类等。这类饲料种类多、来源广、产量高、营养丰富，具有良好的适口性，能促进肉牛消化液分泌，增进肉牛的食欲，是维生素的良好来源，以抽穗或开花前的营养价值较高，被人们誉为"绿色能源"。

【注意】

青绿饲料是一类营养相对平衡的饲料，是肉牛不可缺少的优良饲料，但其干物质少，能量相对较低。在肉牛生长期可用优良青绿饲料作为唯一的饲料来源，但若要在育肥后期加快育肥，则需要补充谷物、饼粕等能量饲料和蛋白质饲料。

青绿饲料水分含量高（陆生植物的水分含量为60%～90%，水

生植物可高达 90%～95%），粗蛋白质含量丰富、消化率高、品质优良、生物学价值高，粗纤维含量较低（若以干物质为基础，则其中粗纤维占 15%～30%，无氮浸出物占 40%～50%），钙磷比例适宜，维生素含量丰富（含有大量的胡萝卜素，每千克饲料含胡萝卜素 50～80 毫克，B 族维生素、维生素 E、维生素 C 和维生素 K 的含量也较丰富）。另外，青绿饲料幼嫩、柔软和多汁，适口性好，还含有各种酶、激素和有机酸，易于消化。肉牛对青绿饲料中有机物质的消化率为 75%～85%。

【注意】

青绿饲料中钙、磷多集中在叶片内，它们占干物质的百分比随着植物的成熟程度而下降。此外，青绿饲料尚含有丰富的铁、锰、锌、铜等微量元素。但牧草中钠和氯含量不足，所以放牧肉牛需要补给食盐。

（1）**天然牧草**　我国天然草地上生长的牧草种类繁多，主要有禾本科、豆科、菊科和莎草科 4 大类。这 4 类牧草干物质中无氮浸出物含量均在 40%～50% 之间；粗蛋白质含量稍有差异，豆科牧草的蛋白质含量为 15%～20%，莎草科的蛋白质含量为 13%～20%，菊科与禾本科的蛋白质含量多为 10%～15%，少数可达 20%；粗纤维含量以禾本科牧草的含量最高，约为 30%，其他 3 类牧草为 25% 左右，个别低于 20%；粗脂肪含量以菊科牧草含量最高，平均达 5% 左右，其他 3 类牧草为 2%～4%；矿物质中一般都是钙含量高于磷含量，且比例恰当。

【提示】

虽然禾本科牧草的粗纤维含量较高，对其营养价值有一定影响，但由于其适口性较好，特别是在生长早期，幼嫩可口，采食量高，因而也不失为优良的牧草。并且，禾本科牧草的匍匐茎或地下茎再生力很强，比较耐牧，对其他牧草可起到保护作用。

【注意】

菊科牧草往往有特殊的气味，肉牛不喜欢采食。

（2）**栽培牧草**　栽培牧草是指人工播种栽培的各种牧草，其种类很多，但以产量高、营养好的豆科（如紫花苜蓿、草木樨、紫云英和苕子等）和禾本科牧草（如黑麦草、无芒雀麦、羊草、苏丹草、鸭茅和象草等）为主。

【提示】

栽培牧草是解决青绿饲料来源的重要途径，可为肉牛常年提供丰富而均衡的青绿饲料。

（3）**高产青饲作物**　青饲作物是指农田栽培的农作物或饲料作物，在结实前或结实期收割作为青绿饲料用。常见的青饲作物有青刈玉米、青刈大麦、青刈燕麦、大豆苗、豌豆苗和蚕豆苗等。

【提示】

高产青饲作物突破每亩（1 亩 ≈ 667 米^2）土地常规牧草生产的生物总收获量，单位能量和蛋白质产量大幅度增加。一般青刈作物用于直接饲喂，也可以调制成干草或青贮，这是解决青绿饲料供应的一个重要途径。目前以饲用玉米、甜高粱、籽粒苋等最有价值。

（4）**叶菜类**（彩图1）　叶菜类饲料种类很多，除了作为饲料栽培的苦荬菜、聚合草、甘蓝、牛皮菜、猪苋菜、串叶松香草、菊苣和杂交酸模等以外，还有食用蔬菜、根茎瓜类的茎叶（如萝卜叶、甜菜叶和红薯叶等）及野草、野菜等。它们质地柔软，水分含量高达80%~90%，干物质含量少，干物质中蛋白质含量在20%左右，其中大部分为非蛋白氮化合物，粗纤维含量少，能量不足，但矿物质丰富，都是良好的青绿饲料来源。

（5）**非淀粉质根茎瓜类饲料**　非淀粉质根茎瓜类饲料包括胡萝卜、芜菁甘蓝、甜菜及南瓜等。这类饲料天然水分含量高达70%~

90%，粗纤维含量低，而无氮浸出物含量较高，且多为易消化的淀粉或糖分，可作为肉牛冬季的主要青绿多汁饲料。

【说明】

马铃薯、甘薯、木薯等块根块茎类，因富含淀粉，生产上多被干制成粉后作为能量饲料利用。

（6）**水生饲料**　水生饲料大部分原为野生植物，经过长期驯化选育已成为青绿饲料和绿肥作物，主要有水葫芦（彩图2）、水花生、绿萍、水芹菜和水竹叶等。这类饲料具有生长快、产量高、不占耕地和利用时间长等优点。

【提示】

在南方水资源丰富地区，因地制宜发展水生饲料并加以合理利用，是扩大青绿饲料来源的一个重要途径。

（7）**树叶类**　我国有丰富的树木资源，除少数不能饲用外，大多数树木的叶子、嫩枝及果实含有丰富的蛋白质、胡萝卜素和粗脂肪，有增强肉牛食欲的作用，都可用作肉牛的饲料。常作为饲料的树叶有榆树叶、槐树叶、杨树叶、荆树叶（豆科树种）、松针、梨树叶（果树类）。

（8）**藤蔓类**　藤蔓类主要包括南瓜藤、丝瓜藤、甘薯藤、马铃薯藤，以及各种豆秧、花生秧等。

三、青贮饲料

青贮饲料（彩图3）是指将新鲜的青绿饲料（青绿玉米秸、高粱秸、牧草等）切短装入密封容器里，经过微生物发酵作用，制成的一种具有特殊芳香气味、营养丰富的多汁饲料。

1. 青贮饲料的特点

（1）**青贮饲料能够保存青绿饲料的营养特性**　青绿饲料在密封厌氧条件下保藏，不受日晒、雨淋的影响，也不受机械损失的影响；贮藏过程中，氧化分解作用微弱，养分损失少，一般不超过10%。

（2）**可以一年四季供给家畜青绿多汁饲料** 由于青绿饲料生长期短，老化快，受季节影响较大，很难做到一年四季均衡供应。调制良好的青贮饲料，若管理得当，可贮藏多年，因此可以保证家畜一年四季都能吃到优良的多汁料，调节青绿饲料供应的不平衡。青贮饲料仍保持青绿饲料的水分、维生素含量高及颜色青绿等优点。

 【提示】

　　我国西北、东北、华北地区，受气候影响，青绿饲料生长期短，生产受限制，整个冬春季节都缺乏青绿饲料。因此，调制青贮饲料，把夏季、秋季多余的青绿饲料保存起来，供冬春季节利用，解决了冬春季节肉牛缺乏青绿饲料的问题。

（3）**饲喂价值高，消化性强，适口性好** 整株植物都可以用于青贮，比单纯收获籽实的饲喂价值高 30% ~ 50%。在较好的条件下晒制的干草也会损失 20% ~ 40% 的养分，而青贮方法只损失 10%。青贮饲料经过乳酸菌发酵，产生大量乳酸和芳香族化合物，具有酸香味，柔软多汁，适口性好。用同类青草制成的青贮饲料和干草，青贮饲料的消化率有所提高（表1-2）。

表1-2　青贮饲料与干草消化率比较

饲料种类	干物质（%）	粗蛋白质（%）	脂肪（%）	无氮浸出物（%）	粗纤维（%）
干草	65	62	53	71	65
青贮饲料	69	63	68	75	72

（4）**青贮饲料单位容积内贮量大** 相同质量的青贮饲料贮藏空间比干草小，可节约存放场地。1 吨青贮苜蓿占体积 1.25 米³，而 1 吨苜蓿干草则占体积 13.3 ~ 13.5 米³。在贮藏过程中，青贮饲料不受风吹、日晒、雨淋的影响，也不会发生火灾等事故。

（5）**青贮饲料调制方便，可以扩大饲料资源** 青贮饲料的调制方法简单、易于掌握。修建青贮窖或制备塑料袋的费用较少，一次调制可长久利用。在阴雨季节或天气不好时，晒制干草困难，而对青贮的调制过程影响较小。调制青贮饲料可以扩大饲料资源，如一些植物如菊科类及马铃薯茎叶，在青饲时具有异味，家畜适口性差，饲料利用率低，但经青贮后，气味改善，柔软多汁，提高了适口性，成为家畜喜食的优质青绿多汁饲料。有些农副产品（如甘薯、萝卜叶、甜菜叶等）收获期很集中，收获量很大，短时间内用不完，又不能直接存放，或因天气条件限制不易晒干，可调制成青贮饲料。

（6）**消灭害虫及杂草**　很多危害农作物的害虫多寄生在收割后的秸秆上越冬，如果将秸秆切碎后青贮，青贮饲料经发酵后酸度较高，就可使其所含的害虫虫卵和杂草种子失去活力，减少对肉牛生长发育的危害。此外，许多杂草的种子经过青贮后可丧失发芽的机会和能力，减少了杂草的滋生。

2. 青贮过程中营养物质的变化

在青贮发酵过程中，各种微生物和植物本身酶体系的作用，使青贮原料发生一系列生物化学变化，引起营养物质的变化和损失。在正常青贮时，原料中水溶性碳水化合物（如葡萄糖和果糖）发酵成为乳酸和其他产物。另外，部分多糖也能被微生物发酵作用转化为有机酸，但纤维素仍然保持不变，半纤维素有少部分水解，生成的戊糖可发酵生成乳酸。青贮饲料中蛋白质的变化与 pH 的高低有密切关系，当 pH 小于 4.2 时，蛋白质因植物细胞酶的作用，部分蛋白质分解为氨基酸，且较稳定，不会造成损失；但当 pH 大于 4.2 时，由于腐败菌的活动，氨基酸便分解成氨、胺等非蛋白氮，使蛋白质受到损失。青贮期间最明显的变化是饲料的颜色。由于有机酸对叶绿素的作用，使其成为脱镁叶绿素，从而导致青贮饲料变为黄绿色。青贮饲料颜色的变化，通常在装贮后 3~7 天内发生。窖壁和表面的青贮饲料常呈黑褐色。青贮温度过高时，青贮饲料也呈黑色，不能利用。维生素 A 前体物 β-胡萝卜素的破坏与温度和氧化的程度有关。二者值均高时，β-胡萝卜素损失较多。但贮存较好的青贮饲料，胡萝卜素的损失一般低于 30%。

3. 青贮饲料的营养价值

（1）**化学成分**　青贮饲料干物质中各种化学成分与原料有很大差别，见表 1-3。

表1-3　**黑麦草与它的青贮饲料的化学成分比较**（以干物质为基础）

名　　称	黑麦草青草		黑麦草青贮	
	含量（%）	消化率（%）	含量（%）	消化率（%）
有机物质	89.8	77	88.3	75
粗蛋白质	18.7	78	18.7	76
粗脂肪	3.5	64	4.8	72
粗纤维	23.6	78	25.7	78
无氮浸出物	44.1	78	39.1	72
蛋白氮	2.66	—	0.91	—
非蛋白氮	0.34	—	2.08	—
挥发氮	0	—	0.21	—
糖类	9.5	—	2.0	—
聚果糖类	5.6	—	0.1	—
半纤维素	15.9	—	13.7	—
纤维素	24.9	—	26.8	—
木质素	8.3	—	6.2	—
乳酸	0	—	8.7	—
醋酸	0	—	1.8	—
pH	6.3	—	3.9	—

（2）**营养物质的消化利用**　多年生黑麦草青贮前后营养价值的比较见表1-4。

表1-4　**多年生黑麦草青贮前后营养价值的比较**

名　　称	黑麦草	乳酸青贮	半干青贮
pH	6.1	3.9	4.2
干物质/（克/千克）	175	186	316
乳酸/（克/千克干物质）	—	102	59
水溶性糖/（克/千克干物质）	140	10	47
消化率	0.784	0.794	0.752
总能/（兆焦/千克干物质）	18.5	—	18.7
代谢能/（兆焦/千克干物质）	11.6	—	11.4

【提示】

　　青贮饲料同其原料相比，蛋白质的消化率相近，但是它们被用于增加动物体内氮素的沉积效率则往往低于原料。其主要原因是，由大量青贮饲料组成的饲粮在肉牛瘤胃中往往产生大量的氨，这些氨被吸收后，相当一部分以尿素形式从尿中排出。因此，为了提高青贮饲料对氮素的作用，可以按照反刍动物应用尿素等非蛋白氮的办法，在饲粮中增加玉米等富含碳水化合物的比例，可获得较好的效果。如果由半干青贮或甲醛保存的青贮饲料来组成饲粮，则氮素沉积的水平会提高。

【注意】

　　青贮饲料中的游离酸浓度会影响肉牛对青贮饲料的采食量。用碳酸氢钠部分中和青贮饲料中的游离酸后，可能提高肉牛对青贮饲料的采食量；青贮良好的半干青贮饲料发酵程度低，酪酸发酵也少，适口性好。

四、能量饲料

　　能量饲料是指干物质中粗纤维含量低于18%，同时粗蛋白质含量低于20%的饲料。常用来补充肉牛饲料中能量的不足，在肉牛日粮中所占比例最大，一般为50%～70%。

1. 谷实类

　　谷实类是指禾本科作物的籽实。我国常用的有玉米、大麦、燕麦、黑麦、小麦、稻谷和高粱等。

　　(1) 玉米　玉米为禾本科玉米属一年生草本植物。玉米亩产量高，有效能值多，所含的可利用物质高于其他谷实类，适口性好，是肉牛饲料中比例最大的一种能量饲料。

　　玉米中碳水化合物含量在70%以上，多存在于胚乳中，主要是淀粉，单糖和二糖较少，粗纤维含量也较少，粗蛋白质含量一般为7%～9%。其品质较差，赖氨酸、蛋氨酸、色氨酸等必需氨基酸相对贫乏。粗脂肪含量为3%～4%，高油玉米中粗脂肪含量可达8%以上，主要存在于胚芽中。玉米中亚油酸的含量达2%，是谷实中含量最高者。玉米为高能量饲料，肉牛对其消化能为14.73兆焦/千克。玉米中矿物质元素尤其是微量元素很少。维生素含量较少，但维生素E含量较多，为20～30毫克/千克。黄玉米胚乳中含有较多的色素，主要是胡萝卜素、叶黄素和玉米黄素等。

 【注意】

  玉米含抗烟酸因子，即烟酸原或烟酸结合物，在高产肉牛饲料中大量使用玉米时，应注意补充烟酸。由于玉米不饱和脂肪酸含量高，粉碎后容易酸败变质，不易长期保存，且发热变质后会导致胡萝卜素损失，因此牛场以贮存整粒玉米为最佳。此外，带芯玉米饲喂肉牛效果也很好。

 【提示】

  玉米运输过程中如果湿度大于或等于16%，温度大于或等于25℃，经常发生霉菌生长现象。一个解决办法是在装运时往玉米中加有机酸。但是必须记住的是，虽然有机酸可以杀死霉菌并预防重新感染，但对已产生的霉菌毒素是没有作用的。

 【注意】

  大量使用玉米时，最好与体积大的糠麸类并用，以防积食和引起瘤胃膨胀。饲喂玉米时，必须与豆科籽实搭配使用，来补充钙、维生素等。用整粒玉米喂肉牛，因为不能嚼得很碎，有18%～33%未经消化而排出体外，所以饲喂碎玉米效果较好。宜粗粉碎，颗粒大小为2.5毫米，不能粉碎得太细，以免影响适口性和粗饲料的消化率。玉米在瘤胃中的降解率低于其他谷类，可以部分通过瘤胃到达小肠，减少在瘤胃中的降解，从而提高其应用价值。玉米压片（蒸汽压扁）后喂肉牛，在饲料效率及生产方面都优于整粒、细碎或粗碎的玉米。

（2）**大麦** 大麦为禾本科大麦属一年生草本植物。大麦的粗蛋白质含量为9%～13%，且蛋白质质量稍优于玉米，氨基酸中除亮氨酸及蛋氨酸外均比玉米多，但利用率比玉米差，赖氨酸含量（0.40%）接近玉米的2倍。无氮浸出物含量（67%～68%）低于玉米，其组成中主要是淀粉，其中，支链淀粉占74%～78%，直链淀粉占22%～25%。大麦籽实包有一层质地坚硬的颖壳，故粗纤维含量（6%）高，为玉米的2倍左右，因此，有效能值较低，产奶净能（6.70兆焦/千克）约为玉米的82%，综合净能为7.19兆焦/千克。大麦脂肪含量（约2%）较低，为玉米的1/2，饱和脂肪酸含量比玉米高，其主要组分是甘油三酯，含量为73.3%～79.1%，亚油酸含量只有0.78%。大麦所含的矿物质主要是钾和磷，其次为镁、钙及少量的铁、铜、锰、锌等。大麦富含B族维生素，包括维生素 B_1、维生素 B_2、维生素 B_6 和泛酸，烟酸含量较高，但利用率较低，只有10%。脂溶性维生素A、维生素D、维生素K含量低，少量的维生素E存在于大麦的胚芽中。

👉【注意】

大麦中非淀粉多糖（NSP）含量较高，达10%以上，其中主要由β-葡聚糖（33克/千克干物质）和阿拉伯木聚糖（76克/千克干物质）组成。大麦中还含有抗胰蛋白酶和抗胰凝乳酶，前者含量低，后者可被胃蛋白酶分解，对肉牛影响不大。

【提示】

大麦是肉牛的良好能量饲料，是肉牛饲养上产生肉块和脂肪的原料。大麦质地疏松，生产高档牛肉时，被认为是最好的精料补充料。但大麦粉碎太细易引起瘤胃臌胀，宜粗粉碎，或用水浸泡数小时或压片后饲喂可起到预防作用。此外，大麦进行压片、蒸汽处理可改善适口性和育肥效果，微波及碱处理可提高消化率。

（3）**高粱** 高粱（彩图4）为禾本科高粱属一年生草本植

物。高粱的营养价值稍低于玉米。除壳高粱籽实的主要成分为淀粉，含量多达 70%。粗蛋白质含量略高于玉米，一般为 8% ~ 9%，但品质较差，且不易消化，必需氨基酸中赖氨酸、蛋氨酸等含量少。脂肪含量稍低于玉米，脂肪中必需脂肪酸比例低于玉米，但饱和性脂肪酸的比例高于玉米。所含灰分中钙少磷多，所含磷 70% 为植酸磷。含有较多的烟酸，达 48 毫克/千克，但所含烟酸多为结合型，不易被动物利用。高粱中含有毒物质单宁，影响其适口性和营养物质消化率。含有鞣酸，所以适口性不如玉米，且易引起肉牛便秘。高粱是肉牛的良好能量饲料，一般情况下，可替代其他谷实类。

【提示】

　　高粱籽实中的单宁为缩合单宁，一般含单宁 1% 以上者为高单宁高粱，低于 0.4% 的为低单宁高粱。单宁含量与籽粒颜色有关，色深者单宁含量高。单宁在消化道中与蛋白质结合形成不溶性化合物，与消化酶类结合影响酶的活性和功能，也可与多种矿物质离子发生沉淀作用，干扰消化过程，影响蛋白质及其他养分的利用率。在日粮中高单宁高粱可用到 10%，而低单宁高粱可用到 70%。

【注意】

　　高粱整粒饲喂时，约有 1/2 不消化而排出体外，所以须粉碎或压扁。很多加工处理，如压片、水浸、蒸煮及膨化等均可改善肉牛对高粱的利用。

　　（4）小麦　　小麦为禾本科小麦属一年生或越年生草本植物。小麦粗蛋白质含量比其他谷实类高，达到 12% 以上，但必需氨基酸尤其是赖氨酸不足，因此小麦中的蛋白质品质较差。无氮浸出物多，在其干物质中可达 75% 以上。粗脂肪含量低（约 1.7%），这是小麦能值低于玉米的主要原因。矿物质含量一般都高于其他谷实类，磷、钾等含量较多，但半数以上的磷为植酸磷。小麦中非淀粉多糖（NSP）

含量较多，可达小麦干重的 6% 以上。小麦中非淀粉多糖主要是阿拉伯木聚糖，这种多糖不能被动物消化酶消化且有黏性，在一定程度上影响小麦的消化率。

👉【注意】

　　小麦是肉牛的良好能量饲料，饲用前应破碎或压扁，在饲粮中用量不能过多（控制在 50% 以下），否则易引起瘤胃酸中毒。

（5）稻谷、糙米、碎米　稻谷因含有坚实的外壳，粗纤维含量达 8% 以上（主要集中于稻壳中，且半数以上为木质素等），可利用能值低；粗蛋白质含量为 7%～8%，粗蛋白质中必需氨基酸如赖氨酸、蛋氨酸、色氨酸等较少；矿物质含量低。糙米中无氮浸出物多，主要是淀粉，其有效能与玉米相近；蛋白质含量（8%～9%）及其氨基酸组成与玉米相似，不饱和性脂肪酸比例较高；钙少磷多。碎米养分含量变异很大，粗蛋白质含量为 5%～11%，无氮浸出物含量为 61%～82%，粗纤维含量为 0.2%～2.7%。

👉【注意】

　　稻谷被坚硬外壳包被，稻壳占稻谷重量的 20%～25%。稻壳含 40% 以上的粗纤维，且半数为木质素。稻谷由于适口性差，饲用价值不高，仅为玉米的 80%～85%。用稻谷作为肉牛的饲料，应粉碎后饲用，并且注意与优质的饼粕类饲料配合使用，以补充蛋白质的不足。糙米、碎米也是肉牛的良好能量饲料，可完全取代玉米，但仍以粉碎使用为宜。

（6）燕麦　燕麦（彩图 5）为禾本科燕麦属一年生草本植物。燕麦所含稃壳的比例大，占整个籽实的 1/5～1/3，粗纤维含量达 10% 以上，淀粉含量只占 60%，有效能明显低于玉米等谷实，综合净能为 6.95 兆焦/千克；蛋白质含量在 10% 左右，氨基酸组成不平衡，赖氨酸含量低。裸燕麦蛋白质含量较高，为 14%～20%。燕麦脂溶性维生素和矿物质含量低。

【注意】

燕麦粗脂肪含量在 4.5% 以上，且不饱和脂肪酸含量高（亚油酸占 40% ~ 47%，油酸占 34% ~ 39%，棕榈酸占 10% ~ 18%），不宜久存。燕麦是肉牛的良好能量饲料，其适口性好，饲用价值较高。但因含壳多，育肥效果比玉米差，在精料补充料中可用到 50%，饲喂效果为玉米的 85%。饲用前可磨碎或粗粉碎，甚至可整粒饲喂。

（7）**黑麦** 黑麦（彩图6）为禾本科一年生或越年生草本植物，粗蛋白质含量（11%）与皮大麦近似，有效能值与小麦近似。其常规成分及钙磷含量与一般麦类近似，含量不高且质量较差，铁、锰含量高，铜、锌含量低。

2. 糠麸类饲料

糠麸类饲料是谷实经加工后形成的一些副产品，主要由果种皮、外胚乳、糊粉层、胚芽、颖稃纤维残渣等组成，全国年产量在 2200 万吨以上，有 85% 可用于饲料，包括米糠、小麦麸、大麦麸、高粱糠、玉米糠、小米糠及其他杂糠等，其中以小麦麸产量较高，其次为米糠。

【提示】

糠麸类饲料中的蛋白质含量比谷实类高，B 族维生素含量丰富，尤其含硫胺素、烟酸、胆碱和吡哆醇较多，维生素 E 含量也较多；物理结构疏松、体积大、容重小、吸水膨胀性强，含有适量的粗纤维和硫酸盐类，有利于胃肠蠕动，易消化，有轻泻作用；可作为载体、稀释剂和吸附剂。故糠麸类饲料属于一类有效能较低的饲料。

（1）**小麦麸** 小麦麸俗称麸皮，是以小麦籽实为原料加工面粉后的副产品。粗蛋白质含量为 12% ~ 17%，氨基酸组成较佳，赖氨酸含量为 0.5% ~ 0.7%，蛋氨酸含量只有 0.11% 左右；粗纤维含量高达 10%，甚至更高，有效能较低；灰分较多，铁、锰、锌较多；B

族维生素含量很高，如含核黄素 3.5 毫克/千克、硫胺素 8.9 毫克/千克。小麦麸适口性好，是肉牛的良好饲料。

【提示】

小麦麸的成分变化较大，主要受小麦品种、制粉工艺、面粉加工精度等因素影响。如果生产的面粉质量要求高，麸皮中来自胚乳、糊粉层成分的比例就高，麸皮的质量也相应较高；反之，麸皮的质量较差。

【注意】

小麦麸具有轻泻性，可通便润肠，是母牛日粮的良好原料。在日粮配制时，应与其他饲料或优质矿物质饲料配合使用以调整钙磷比例。另外，因小麦麸含能量低，在肉牛育肥期宜与谷实类搭配使用，肉牛精料补充料中可用到 20%。

（2）米糠 米糠是糙米精制时产生的果皮、种皮、外胚乳和糊粉层等的混合物。米糠的品质与成分，因糙米精制程度不同而不同，精制的程度越高，米糠的饲用价值越大。

米糠中蛋白质含量为 13%，氨基酸的含量与一般谷物相似，但赖氨酸含量高达 0.55%。脂肪含量高达 10% ~ 17%，脂肪酸组成中多为不饱和脂肪酸，油酸和亚油酸占 79.2%。粗纤维含量较高，质地疏松，容重较轻。米糠有效能较高，能值位于糠麸类饲料之首。矿物质中钙（0.07%）少磷（1.43%）多，钙、磷比例极不平衡（1:20），但 80% 以上的磷为植酸磷，锰、钾、镁较多。B 族维生素和维生素 E 丰富，但缺乏维生素 A、维生素 D 和维生素 C。

【注意】

新鲜米糠适口性好，饲用价值相当于玉米的 80% ~ 90%。米糠中含胰蛋白酶抑制因子、生长抑制因子，但它们均不耐热，加热可破坏这些抗营养因子，故米糠宜熟喂或制成脱脂米糠后饲喂。由于米糠所含脂肪多，易氧化酸败，不能久存，所以常对其脱脂。脱脂米糠指米糠经过脱脂后的饼粕，用压榨法取油后的产物为米糠饼，用有机溶剂取油后的产物为米糠粕。与米糠相比，脱脂米糠的脂肪含量较少，尤其是米糠粕脂肪含量仅为2%，粗蛋白质、粗纤维、氨基酸和微量元素含量有所提高，有效能值降低。脱脂米糠（米糠饼、米糠粕）储存期可适当延长，但因其中还含有一定量的脂肪，仍不能久存。米糠适于作为肉牛的饲料，用量可达20%～30%。但米糠中钙、磷比例严重失衡，因此在大量使用米糠时，应注意补充含钙饲料。

（3）其他糠麸

1）大麦麸。大麦麸是大麦加工的副产品，分为粗麸、细麸及混合麸。粗麸多为碎大麦壳，因而粗纤维含量高；细麸的能量、蛋白质及粗纤维含量皆优于小麦麸；混合麸是粗、细麸混合物，营养价值也居于两者之间。用作肉牛饲料时，在不影响热能需要时可尽量使用，对改善肉质有益，但生长期肉牛仅可使用10%～20%，太多会影响其生长。

2）高粱糠。高粱糠是高粱加工的副产品，一般出糠量为20%。高粱糠的有效能值较高，粗蛋白质含量为11%～15%，粗脂肪含量为4%～10%。

【注意】

高粱糠含较多的单宁，适口性差，易引起便秘，故应控制用量。在高粱糠中，若添加5%的豆饼，再与青饲料搭配喂肉牛，则其饲用价值将得到明显提高。

3）玉米糠。玉米糠（彩图7）是玉米制粉过程中的副产品，主要包括种皮、胚、种脐与少量胚乳。因其中果种皮所占比例较大，粗纤维含量较高，粗蛋白质含量低，必需氨基酸含量也较低，胡萝卜素含量很低，但水溶性维生素和矿物质含量较高。

【注意】

　　玉米糠可作为肉牛的良好饲料。但玉米品质对玉米糠品质影响很大，尤其含黄曲霉毒素高的玉米，玉米糠中毒素的含量为原料玉米的 3 倍多，使用时应注意。

　　4）小米糠。在小米加工过程中，产生的种皮、秕谷和较多量的颖壳等副产品即为小米糠（彩图 8）。其营养价值因加工程度不同而异，粗加工时，除产生种皮和秕谷外，还含许多颖壳，这种粗糠中的粗纤维含量很高，达 23% 以上，接近粗料；粗蛋白质含量只有 7% 左右，无氮浸出物含量为 40%，脂肪含量为 2.8%。在饲用前，将其进一步粉碎、浸泡和发酵，可提高消化率。

　　5）大豆皮。大豆皮是大豆加工过程中分离出的种皮，含粗蛋白质 18.8%，粗纤维含量高，但其中木质素少，所以消化率高，适口性也好。粗饲料中加入大豆皮能提高肉牛的采食量，饲喂效果与玉米相同。

3. 块根、块茎及其加工副产品

　　块根块茎类饲料主要包括薯类（甘薯、马铃薯、木薯）、胡萝卜、甜菜等。这类饲料含水量高，体积大，适口性好，易消化。干物质中主要是无氮浸出物，而蛋白质、脂肪、粗灰分等较少。纤维素含量少，一般不超过 10%，且不含木质素，干物质的净能含量与籽实类相近；粗蛋白质含量少，只有 1%～2%，其中赖氨酸、色氨酸较多；缺少钙、磷、钠，而钾的含量却丰富；维生素含量因种类不同而差别很大，胡萝卜中含有丰富的维生素，尤其含胡萝卜素最多；甘薯中则缺乏维生素，甜菜中仅含有维生素 C，缺乏维生素 D。块根块茎类饲料适口性好，能刺激肉牛食欲，有机物质消化率高；产量高，生长期短，生产成本低，易进行轮作，但因含水量高，运输较困难，不易保存。

【注意】

　　由于其可溶性碳水化合物含量高，在瘤胃中发酵速度快，喂量过多时会造成肉牛瘤胃 pH 下降，消化紊乱，因此，每天饲喂量不宜超过日粮干物质的 20%（按干物质计算）。

4. 其他能量饲料

（1）油脂　肉牛由于生产性能的不断提高，对日粮养分浓度尤其是日粮能量浓度的要求越来越高。对高产肉牛，常通过增大精饲料用量、减少粗饲料用量来配制高能量日粮，但这会引起瘤胃酸中毒等营养代谢疾病。鉴于这些原因，近几年来，油脂（分为动物油脂、植物油脂、饲料级水解油脂和粉末状油脂 4 类）作为能量饲料在肉牛日粮中的应用越来越普遍。

油脂的能值高，热增耗比碳水化合物、蛋白质都低，其总能和有效能远比一般的能量饲料高，如大豆油代谢能为玉米代谢能的 2.87 倍；棕榈酸油产奶净能为玉米的 3.33 倍。植物油脂中还富含必需脂肪酸。

在生产中，对饲料用油脂的质量一般规定为：油脂中含水量在 1.5% 以下者为合格产品，含水量大于 1.5% 者为劣质产品；油脂中不溶性杂质在 0.5% 以下者为优质产品，不溶性杂质大于 0.5% 者为劣质产品。

油脂可促进脂溶性维生素的吸收，有助于脂溶性维生素的运输。油脂可延长饲料在消化道内的停留时间，从而能提高饲料养分的消化率和吸收率。在日粮中添加油脂，能增强风味，改善外观，减少粉尘，降低加工机械磨损程度，防止分级。油脂由于热增耗少，故给热应激肉牛补饲油脂有良好作用。

【注意】

　　油脂应储存于非铜质的密闭容器中，储存期间应防止水分混入和气温过高；饲粮添加油脂后，能量浓度增加，应相应增加饲粮中其他养分的水平；油脂容易氧化酸败，应避免使用已发生氧化酸败的油脂。为了防止油脂酸败，加入占油脂 0.01% 的抗氧化剂。常用的抗氧化剂为丁羟甲氧基苯和丁羟甲苯。抗氧化剂添加到油脂中的方法是：若是液态油脂，直接将抗氧化剂加入并混匀；若是固态油脂，将油脂加热熔化，再加入抗氧化剂并混匀；避免使用劣质油脂，如高熔点的油脂（椰子油和

棉籽油）和含毒素油脂（棉籽油、蓖麻油和桐籽油等）及被二噁英污染的油脂。

（2）糖蜜 糖蜜为制糖工业副产品，包括甘蔗糖蜜、甜菜糖蜜、玉米葡萄糖蜜、柑橘糖蜜、木糖蜜、高粱糖蜜等，产量最大的是甘蔗糖蜜和甜菜糖蜜。糖蜜一般呈黄色或褐色液体，大多数糖蜜具有甜味，但柑橘糖蜜略有苦味。糖蜜中主要成分是糖类（主要是蔗糖、果糖和葡萄糖），如甘蔗糖蜜中含蔗糖24%~36%，甜菜糖蜜中含蔗糖47%左右。糖蜜中含有少量的粗蛋白质，其中多数属非蛋白氮，如氨、硝酸盐和酰胺等。糖蜜中矿物质含量较多（8.1%~10.5%），其中钙多磷少，钾含量很高（2.4%~4.8%），如甜菜糖蜜中钾含量高达4.7%。糖蜜中有效能量较高，甜菜糖蜜的消化能为12.12兆焦/千克，增重净能为4.75兆焦/千克。在肉牛的混合精料中，糖蜜的适宜用量为10%~20%。

【提示】

　　糖蜜有甜味，可以掩盖日粮中其他成分的不良气味，提高饲料的适口性；糖蜜有黏稠性，能减少饲料加工过程中产生的粉尘，并能作为颗粒饲料的优质黏结剂；糖蜜富含糖分，可为肉牛瘤胃中的微生物提供充足的速效能源，从而提高微生物的活性。糖蜜中含有缓泻因子，可能是硫酸镁和氯化镁的缘故，或者是消化道中蔗糖酶活性不高，从而引起粪便含水量增加。

五、蛋白质饲料

饲料干物质中粗蛋白质含量大于或等于20%，同时粗纤维含量小于18%的饲料，称作蛋白质饲料。肉牛的蛋白质饲料有植物性蛋白质饲料（包括豆类籽实、饼粕类和其他植物性蛋白质饲料）、单细胞蛋白质饲料和非蛋白氮饲料。

1. 豆类籽实

豆类籽实包括大豆、豌豆、蚕豆等，粗蛋白质含量高（20%~

40%），为禾谷类籽实的 1 ~ 3 倍，精氨酸、赖氨酸和蛋氨酸等必需氨基酸的含量均高于谷类籽实。脂肪含量除大豆和花生高外，其他均只有2%左右。钙、磷含量较谷类籽实稍高，但钙、磷比例不恰当，钙多、磷少。胡萝卜素缺乏。无氮浸出物含量为 30% ~ 50%，纤维素易消化。总营养价值与禾谷类籽实相似，可消化蛋白质较多，是肉牛重要的蛋白质饲料。

2. 饼粕类

饼粕类是豆科植物籽实或其他科植物籽实提取大部分油脂后的副产品。由于原料不同和加工方法不同，营养及饲用价值有相当大的差异。饼粕类是配合饲料的主要蛋白质原料，使用广泛，用量较大。

（1）**大豆饼（粕）** 大豆饼（粕）是以大豆为原料取油后的副产物，是目前使用最广泛、用量最多的植物性蛋白质原料。由于制油工艺不同，通常将压榨法取油后的产品称为大豆饼，而将浸提法取油后的产品称为大豆粕（比压榨法可多取油4% ~ 5%）。

大豆饼（粕）粗蛋白质含量高，一般在 40% ~ 50% 之间，必需氨基酸含量高，组成合理。赖氨酸含量在饼粕类中最高，为2.4% ~ 2.8%。赖氨酸与精氨酸之比约为 100∶130。异亮氨酸、色氨酸、苏氨酸含量高（异亮氨酸与缬氨酸比例适宜），与谷实类饲料配合可起到互补作用。蛋氨酸含量不足，需要额外添加蛋氨酸才能满足肉牛营养需求。大豆饼（粕）粗纤维含量低，主要来自大豆皮。无氮浸出物的含量一般为 30% ~ 32%，其中主要是蔗糖、棉籽糖、水苏糖和多糖类，淀粉含量较低。大豆饼（粕）中胡萝卜素、核黄素和硫胺素含量低，烟酸和泛酸含量较高，胆碱含量丰富（2200 ~ 2800 毫克/千克），维生素 E 在脂肪残量高和储存不久的大豆饼（粕）中含量较高。矿物质中钙少磷多，磷多为植酸磷（约61%），硒含量低。大豆饼（粕）色泽佳，适口性好，加工适当的大豆饼（粕）仅含微量抗营养因子，不易变质，使用上无用量限制。大豆饼（粕）是肉牛饲料的优质蛋白质原料，各阶段肉牛饲料中均可使用，长期饲喂也不会厌食。

【提示】

　　大豆粕和大豆饼相比，脂肪含量较低，而蛋白质含量较高，且质量较稳定。大豆在加工过程中先经去皮加工获得的粕称为去皮大豆粕。近年来此产品有所增加，其与大豆粕相比，粗纤维含量低，一般在3.3%以下，蛋白质含量为48%~50%，营养价值较高。

　　饲料用大豆饼（粕）相关标准规定：饲料用大豆饼（粕）应呈黄褐色饼状或小片状（大豆饼），呈浅黄褐色或浅黄色不规则的碎片状（大豆粕）；色泽一致，无发酵、霉变、结块、虫蛀及异味、异臭；水分含量不得超过13.0%；不得掺入饲料用大豆饼（粕）以外的东西。标准中除粗蛋白质、粗纤维、粗灰分为质量控制指标（大豆饼增加粗脂肪一项）外，规定脲酶活性不得超过0.4。

【注意】

　　肉牛采食过多大豆饼（粕）会有软便现象，但不会下痢。肉牛可有效利用未经加热处理的大豆饼（粕），但注意不要与脲酶活性高的饲料同食。

　　(2) 菜籽饼（粕）　菜籽饼（粕）是油菜籽榨油后的副产品。菜籽饼（粕）的合理利用，是解决我国蛋白质饲料资源不足的重要途径之一。

　　菜籽饼（粕）含有较高的粗蛋白质，为34%~38%，其中可消化蛋白质为27.8%，蛋白质中非降解蛋白比例较高。氨基酸组成平衡，含硫氨酸较多，精氨酸含量低，精氨酸与赖氨酸的比例适宜，是一种良好的氨基酸平衡饲料。粗纤维含量较高，为12%~13%，有效能值较低，干物质中综合净能为7.35兆焦/千克。碳水化合物为不宜消化的淀粉，且含有8%的戊聚糖。菜籽外壳几乎无利用价值，是影响菜籽粕代谢能的根本原因。矿物质中钙、磷含量均高，但大部分为植酸磷，富含铁、锰、锌、硒，尤其是硒含量远高于大豆饼（粕）。维生素中胆碱、叶酸、烟酸、核黄素、硫胺素均比大豆饼（粕）高，但胆碱与芥子碱呈结合状态，不易被肠道吸收。

【提示】

我国已选育出多个双低油菜品种，"双低"菜籽饼（粕）与普通菜籽饼（粕）相比，粗蛋白质、粗纤维、粗灰分、钙、磷等常规成分含量差异不大，有效能略高，赖氨酸含量和消化率明显较高，蛋氨酸、精氨酸含量略高。

【注意】

菜籽饼（粕）是一种良好的蛋白质饲料，但因含有硫葡萄糖试、芥子碱、植酸、单宁等多种抗营养因子，使其应用受到限制，实际用于饲料的仅占 2/3，饲喂价值明显低于大豆饼（粕）。菜籽饼（粕）对肉牛适口性差，长期大量食用可引起甲状腺肿大，采食量下降，生产性能下降；肉牛精料补充料中使用 5%~10% 对胴体品质无不良影响。菜籽饼（粕）进行脱毒处理或"双低"品种的菜籽饼（粕）饲养效果明显优于普通品种，可提高使用量。

（3）棉籽饼（粕） 棉籽饼（粕）是棉籽经脱壳取油后的副产品［去壳的叫棉仁饼（粕）］。棉籽饼（粕）粗蛋白质含量较高，达 34% 以上，棉仁饼（粕）粗蛋白质含量可达 41%~44%。氨基酸中赖氨酸含量较低，仅相当于大豆饼（粕）的 50%~60%，蛋氨酸含量也低，精氨酸含量较高，赖氨酸与精氨酸含量之比在 100:270 以下。矿物质中钙少磷多，其中 71% 左右为植酸磷，含硒少。维生素 B_1 含量较多，维生素 A、维生素 D 含量少。棉籽饼干物质中综合净能为 7.39 兆焦/千克，棉籽粕干物质中综合净能为 7.16 兆焦/千克。棉籽饼（粕）中的抗营养因子主要为棉酚、环丙烯脂肪酸、单宁和植酸。

【注意】

棉籽饼（粕）中的棉酚是一种危害血管细胞和神经的毒素。

瘤胃微生物的发酵，对游离棉酚有一定的解毒作用，对瘤胃功能健全的成年肉牛影响小。成年肉牛可以以棉籽饼（粕）为主要蛋白质饲料，但应供应优质粗饲料，再补充胡萝卜素和钙，方能获得良好的增重效果。棉籽饼（粕）一般在精料补充料中可占30%～40%。但瘤胃尚未发育完善的犊牛，饲喂棉籽饼（粕）极易引起中毒。因此，用它喂犊牛时要进行脱毒处理，并且要饲喂得法、控制喂量。繁殖公牛尽量少用（游离棉酚可使种用公牛的生殖细胞发生障碍）。

（4）花生仁饼（粕） 花生仁饼（粕）是花生脱壳后，经机械压榨或溶剂浸提油后的副产品。机械压榨法和土法夯榨法榨油后的副产品为花生仁饼，用浸提法和预压浸提法榨油后的副产品为花生仁粕。花生仁饼蛋白质含量约为44%，花生仁粕蛋白质含量约为47%，蛋白质含量高，但63%为不溶于水的球蛋白，可溶于水的白蛋白仅占7%。氨基酸组成不平衡，赖氨酸、蛋氨酸含量偏低，精氨酸含量在所有植物性饲料中最高，赖氨酸与精氨酸含量之比在100:380以下。花生仁饼（粕）的有效能值在饼粕类饲料中最高，花生仁饼干物质中综合净能为8.24兆焦/千克，花生仁粕干物质中综合净能为7.39兆焦/千克。无氮浸出物中大多为淀粉、糖分和戊聚糖。残余脂肪熔点低，脂肪酸以油酸为主，不饱和脂肪酸占53%～78%。矿物质中钙、磷含量低，磷多为植酸磷，铁含量略高，其他矿物质元素含量较少。胡萝卜素、维生素D、维生素C含量低，B族维生素较丰富，尤其烟酸含量高（约174毫克/千克），核黄素含量低，胆碱含量为1500～2000毫克/千克。

☞【注意】

　　花生仁饼（粕）中含有少量胰蛋白酶抑制因子。花生仁饼（粕）极易感染黄曲霉，产生黄曲霉毒素，引起肉牛黄曲霉毒素中毒。我国饲料卫生标准中规定，其黄曲霉毒素 B_1 含量不得大于0.05毫克/千克。为避免黄曲霉毒素中毒，幼牛应避免食用花生仁饼（粕）。

【提示】

　　花生仁饼（粕）适口性好，对肉牛的饲用价值与大豆饼（粕）相当。饲喂时适于和精氨酸含量低的菜籽饼（粕）等配合使用。花生仁饼（粕）有通便作用，采食过多易导致软便。经高温处理的花生仁饼（粕），蛋白质溶解度下降，可提高过瘤胃蛋白量，提高氮沉积量。

　　（5）芝麻饼（粕）　芝麻饼（粕）是芝麻取油后的副产品，是一种很有价值的蛋白质来源。芝麻饼（粕）蛋白质含量较高，约为40%，氨基酸组成中蛋氨酸、色氨酸含量丰富，尤其蛋氨酸高达0.8%以上，为饼粕类饲料之首。赖氨酸缺乏，精氨酸极高，赖氨酸与精氨酸含量之比为 100∶420，比例严重失衡。粗纤维含量低于7%，代谢能低于花生仁饼（粕）和大豆饼（粕）。芝麻饼干物质中综合净能为 6.58 兆焦/千克。矿物质中钙、磷含量较多，但磷多为植酸磷，故钙、磷、锌的吸收均受到抑制。维生素 A、维生素 D、维生素 E 含量低，核黄素、烟酸含量较高。

【注意】

　　芝麻饼（粕）是一种略带苦味的优质蛋白质饲料，是肉牛良好的蛋白质来源，可使被毛光泽良好，但过量采食可使体脂变软，最好与大豆饼（粕）、菜籽饼（粕）等配合使用；芝麻饼（粕）中的抗营养因子主要为植酸和草酸，都能影响矿物质的消化和吸收。

　　（6）向日葵仁饼（粕）　向日葵仁饼（粕）是向日葵籽生产食用油后的副产品，可制成脱壳或不脱壳两种，是一种较好的蛋白质饲料。完全脱壳的向日葵仁饼（粕）营养价值很高，粗蛋白质含量分别达到41%和46%，与大豆饼（粕）相当。但脱壳程度差的产品，其营养价值较低。赖氨酸含量低，含硫氨基酸丰富。粗纤维含量较高，有效能值低，残留脂肪含量为6%~7%，其中50%~75%为亚油酸。矿物质中钙、磷含量高，磷主要是植酸磷，微量元素中锌、铁、铜含量丰富。B 族维生素含量均较高，其中烟酸和硫胺素的含量均位

于饼粕类饲料之首。

饲料用向日葵仁饼（粕）相关标准规定：向日葵仁饼为小片状或块状，向日葵仁粕为浅灰色或黄褐色不规则碎块状、碎片状或粗粉状，色泽新鲜一致；无发霉、变质、结块及异味；水分含量不得超过12.0%，不得掺入其他物质。

【注意】

  向日葵仁饼（粕）适口性好，是肉牛良好的蛋白质原料，肉牛采食后，瘤胃内容物 pH 下降，可提高瘤胃内容物溶解度。脱壳向日葵仁饼（粕）的饲用价值与大豆饼（粕）相当。但含脂肪高的压榨向日葵仁饼（粕）采食过多时，易造成体脂变软。未脱壳的向日葵仁饼（粕）粗纤维含量高，有效能值低，若作为配合饲料的主要蛋白质饲料来源，必须调整能量值或增大日喂量，否则育肥效果不佳。

（7）亚麻仁饼（粕） 亚麻仁饼（粕）是亚麻籽经脱油后的副产品。粗蛋白质含量为32%～36%，氨基酸组成不平衡，赖氨酸、蛋氨酸含量低，富含色氨酸，精氨酸含量高，赖氨酸与精氨酸之比为100∶250。粗纤维含量为8%～10%，有效能值较低。残留脂肪中亚麻酸含量可达30%～58%。钙、磷含量较高，硒含量丰富。胡萝卜素、维生素 D 含量少，但 B 族维生素含量丰富。

饲料用亚麻仁饼（粕）相关标准规定：亚麻仁饼为褐色大圆饼，厚片或粗粉状，亚麻仁粕为浅褐色或深黄色不规则碎块状或粗粉状，具有油香味，无发霉、变质、结块及异味，水分含量不得超过12.0%，不得掺入其他物质。

【注意】

  亚麻仁饼（粕）是反刍动物良好的蛋白质来源，适口性好，可提高肉牛育肥效果，使其被毛光泽改善。饲料中使用亚麻仁饼（粕）时，需添加赖氨酸或搭配赖氨酸含量较高的饲料，以提高饲喂效果。

（8）**椰子粕（椰子干粕）** 椰子粕是将椰子胚乳部分干燥为椰子干，再提油后所得的副产品，为浅褐色或褐色。纤维含量高而有效能值低。粗蛋白质含量为 20%～23%，氨基酸组成欠佳，缺乏赖氨酸、蛋氨酸及组氨酸，但精氨酸含量高。所含脂肪属于饱和脂肪酸，B 族维生素含量高，适口性好，是肉牛的良好蛋白质来源。

 【注意】

椰子粕易滋生霉菌而产生毒素。为防止便秘，精料补充料中椰子粕使用量在 20% 以下为宜。

（9）**蓖麻籽饼（粕）** 蓖麻籽饼（粕）是蓖麻籽提油后所得的副产品。蓖麻籽饼（粕）含粗蛋白质因去壳程度不同有所差异，一般为 25%～45%，其中 60% 为球蛋白、16% 为白蛋白、20% 为谷蛋白。氨基酸较为平衡，其中赖氨酸含量为 0.87%～1.42%，蛋氨酸含量为 0.57%～0.87%，亮氨酸和精氨酸等含量均较高。粗脂肪含量为1.4%～2.6%，粗纤维含量为 14%～43%。

 【注意】

蓖麻籽饼营养价值较高，但因其含有蓖麻毒蛋白、蓖麻碱、CB-1A 变应原和血球凝集素 4 种有毒物质，必须经过脱毒才能饲喂。

3. 其他植物性蛋白质饲料

（1）**玉米蛋白粉** 玉米蛋白粉是玉米淀粉厂的主要副产物之一，为玉米除去淀粉、胚芽、外皮后剩下的产品。玉米蛋白粉的粗蛋白质含量为 35%～60%，氨基酸组成不佳，蛋氨酸、精氨酸含量高，赖氨酸和色氨酸严重不足，赖氨酸与精氨酸含量之比达 100:（200～250），与理想比值相差甚远。粗纤维含量低（2% 左右），易消化，代谢能与玉米近似或高于玉米，为高能饲料。矿物质含量少，铁含量较多，钙、磷含量较低。维生素中胡萝卜素含量较高，B 族维生素少；富含色素，主要是叶黄素和玉米黄质，前者是玉米含量的 15～20 倍，是较好的着色剂。

玉米蛋白粉呈浅黄色、金黄色或橘黄色，色泽均匀，多数为固体状，少数为粉状，具有发酵气味；无发霉、变质、虫蛀、结块，不带异臭气味，不得掺杂质。加入抗氧化剂、防霉剂等添加剂时应作相应的说明。

【注意】

　　玉米蛋白粉可用作肉牛的部分蛋白质饲料原料，因其密度大，可配合密度小的原料使用。在精料补充料中，玉米蛋白粉的添加量以 30% 为宜，过高会影响肉牛的生产性能。在使用玉米蛋白粉的过程中，应注意霉菌含量，尤其黄曲霉毒素含量。不同厂家生产的玉米蛋白粉的含量和外观差异较大，这是导致玉米蛋白粉质量差异较大的主要原因。一般来说，蛋白质含量高，颜色鲜艳，灰分较低的玉米蛋白粉，营养价值相对较高。

（2）玉米胚芽粕　　玉米胚芽粕是以玉米为原料，在生产淀粉前，将玉米浸泡、粉碎、分离胚芽，然后取油后的副产品，适口性好，是肉牛的良好饲料来源。玉米胚芽粕的粗蛋白质含量为 20%~27%，是玉米的 2~3 倍，其中的蛋白质都是白蛋白和球蛋白，是玉米蛋白中生物学价值最高的蛋白质。淀粉含量为 20%，粗脂肪含量为 5%~7%，粗纤维含量为 6%~7%，粗灰分含量为 5.9%，钙少磷多，钙、磷比例不平衡。维生素 E 含量非常丰富，能值较低。

【注意】

　　玉米胚芽粕品质不稳定，易变质。一般在肉牛精料补充料中玉米胚芽粕用量可达 15%~20%。

（3）粉丝蛋白　　粉丝蛋白指利用绿豆、豌豆或蚕豆制作粉丝过程中的浆水经浓缩而获得的蛋白质饲料。粉丝蛋白饲料营养丰富，含有原料豆中淀粉以外的蛋白质、脂肪、矿物质和维生素等营养物质。粗蛋白质可达 80% 以上，总氨基酸含量可达 75% 以上。粉丝蛋白在浓缩饲料中是一种重要的蛋白质补充饲料。

（4）**浓缩叶蛋白** 浓缩叶蛋白为从新鲜植物叶汁中提取的一种优质蛋白质饲料。目前商业化产品是浓缩苜蓿叶蛋白，蛋白质含量为38%～61%，其蛋白质的消化率比苜蓿草粉高得多，使用效果仅次于鱼粉而优于大豆饼（粕）。叶黄素含量相当突出，产品着色效果比玉米蛋白粉更佳。但因为含有皂苷，所以浓缩叶蛋白使用量过高会影响肉牛的生长速度和肉料比。

（5）**玉米酒糟** 玉米酒糟是以玉米为主要原料用发酵法生产酒精时的蒸馏液经干燥处理后的副产品。根据干燥浓缩蒸馏液的不同成分而得到不同的产品可分为干酒糟、可溶干酒糟和干酒糟液。干酒糟是用蒸馏废液的固体物质进行干燥得到的产品，色调鲜明，也叫透光酒糟。可溶干酒糟是用蒸馏废液去掉固体物质后剩余的残液进行浓缩干燥得到的产品。干酒糟液则是干酒糟和可溶干酒糟的混合物，也叫黑色酒糟。

玉米酒糟因加工工艺与原料品质的差别，其营养成分差异较大。一般除碳水化合物减少外，其他成分为原料的2～3倍。玉米酒糟的粗蛋白质含量为26%～32%，氨基酸含量和利用率均不理想，蛋氨酸和赖氨酸含量稍高，色氨酸明显不足。粗脂肪含量为9.0%～14.6%，粗纤维含量高，无氮浸出物含量较低。矿物质中含有有利于肉牛生长的多种矿物质成分，但仍是钙少磷多。玉米酒糟的能值较高，还含有未知生长因子。

【提示】

玉米酒糟气味芳香，是肉牛良好的饲料。在肉牛精料补充料中添加玉米酒糟可以调节饲料的适口性。与大豆饼（粕）相比，玉米酒糟是较好的过瘤胃蛋白质饲料，可以替代肉牛日粮中部分玉米和大豆饼（粕），改善肉牛瘤胃内环境，从而改善瘤胃发酵状况，提高肉牛增重速度。一般在肉牛精料补充料中，玉米酒糟用量应在50%以下。

（6）**醋糟** 醋糟是以淀粉质原料为主料采用固态发酵法酿造食醋过程中的副产品，其成分和性质主要取决于酿醋原料和生产工艺。

醋糟呈酸性，刚生产出的鲜糟 pH 为 5.0 ~ 5.5，这是醋糟中残留一部分有机酸所致。醋糟中的粗纤维含量高，粗蛋白质含量不低于玉米，富含铁、锌和硒等微量元素，因此具有一定的饲用价值。

（7）**酱油渣** 酱油渣是黄豆经米曲霉菌发酵后，浸提出其中的可溶性氨基酸、低肽和呈味物质后的渣。粗蛋白质含量高达 20% ~ 40%，且含有大量菌体蛋白；脂肪含量约为 14%；还含有 B 族维生素、无机盐、未发酵淀粉、糊精、氨基酸、有机酸等。粗纤维含量高，无氮浸出物含量低，有机物质消化率低，有效能值低。

【注意】

　　酱油渣中食盐含量高，肉牛采食过量会造成饮水量增加和腹泻，肉质软化。因此，肉牛饲料中酱油渣用量不宜超过 10%，且在饲喂酱油渣期间应供给充足饮水。

（8）**豆腐渣** 豆腐渣是来自豆腐、豆奶的副产品，为黄豆浸渍成豆乳后，过滤所得的残渣。豆腐渣干物质中粗蛋白质含量较高，质量较好。粗纤维和粗脂肪含量也较高，维生素含量低且大部分转移到豆浆中，与豆类籽实一样含有抗胰蛋白酶因子。鲜豆腐渣是肉牛的良好多汁饲料，可提高日增重。鲜豆腐渣经干燥、粉碎后可作为配合饲料原料，但加工成本较高。

4. 单细胞蛋白质饲料

单细胞蛋白质是单细胞或具有简单构造的多细胞生物的菌体蛋白的统称，有的又称为微生物蛋白质饲料。目前可用来生产单细胞蛋白质的微生物种类非常多，主要有：酵母类（如酿酒酵母、产朊假丝酵母和热带假丝酵母等）、真菌类（如曲霉、根霉、木霉等）、非病原性细菌类（如芽孢杆菌、分枝杆菌等）和微型藻类（如细小球藻和螺旋蓝藻等）4 类。

单细胞蛋白质的生产原料来源广泛，可充分利用工农业的废物，从而净化污水，减少环境污染；可以工业化生产，不与农业争地，也不受气候条件限制；生产周期短、效率高；营养丰富。一般风干制品中含粗蛋白质在 50% 以上，氨基酸种类齐全，必需氨基酸组成和利用率与优质大豆饼（粕）相似；富含多种酶系和较多的矿物质、维生素和其他具有生物活性的物质，营养价值接近鱼粉，是高质量的蛋白质饲料。

（1）石油酵母　石油酵母是以石油为碳原，用酵母菌发酵生产的微生物蛋白质经干燥制成的菌体蛋白产品。石油酵母粗蛋白质含量为60%左右，赖氨酸含量接近优质鱼粉，蛋氨酸含量很低。水分含量为5%～8%，粗脂肪含量为8%～10%，多以结合型存在于细胞质中，稳定、不易氧化，利用率较高。矿物质中铁含量高、碘含量低。维生素中胆碱、核黄素和泛酸含量很高，但胡萝卜素和维生素B_{12}含量不足。

👉【注意】

　　　　石油酵母可以作为肉牛的蛋白质来源，对于犊牛来说，其价值与大豆饼（粕）相近，但应注意补充蛋氨酸、胡萝卜素和维生素B_{12}。由于石油酵母有苦味，适口性差，生长快的肉牛饲料中最好不添加，一般在肉牛精料补充料中用量以5%～15%为宜。但以轻油或重质油直接作发酵原料生产的石油酵母含有致癌物质，应慎用。

（2）工业废液酵母　工业废液酵母是指以发酵、造纸、食品等工业废液（如酒精、啤酒、纸浆废液和糖蜜等）为碳源和一定比例的氮（硫酸铵、尿素）作为营养源，接种酵母菌液（主要酵母菌有产朊假丝酵母菌、热带假丝酵母菌、圆拟酵母菌、球拟酵母菌、酿酒酵母菌），经发酵、离心提取和干燥、粉碎而获得的一种菌体蛋白质饲料。

工业废液酵母因原料及工艺不同，其营养组成有相当大的变化，一般风干制品中含粗蛋白质45%～60%。赖氨酸含量为5%～7%，蛋氨酸+胱氨酸含量为2%～3%，所含必需氨基酸和鱼粉含量相近，但适口性差。有效能值一般与玉米近似，生物学效价虽不如鱼粉，但与优质大豆饼（粕）相当。在矿物质元素中，富含锌、硒和铁。近年来在酵母的综合利用中，也有先提取酵母中的核酸再制成"脱核酵母粉"的。同时酵母产品不断开发，如含硒酵母、含铬酵母、含锌酵母已有了商品化产品，均有其特殊营养功能。工业废液酵母从环保及物尽其用的原则出发具有开发前途。

(3) 单细胞藻类 单细胞藻类是指以阳光为能源，以天然有机和无机物为培养基，生活于水中的小型单细胞浮游生物体。饲用的藻类主要有绿藻和蓝藻。绿藻呈单细胞微球状，直径为 5 ~ 10 微米，池塘水变绿就是由其所致。蓝藻因呈相连螺旋状又名螺旋藻，长 300 ~ 500 微米，易培养捕捞，色素和蛋白质的利用率高。

(4) 其他单细胞蛋白质 包括真菌类和非病原性细菌类。真菌中常用的有地霉属、曲霉属、根霉属、木霉属、镰刀菌属和伞菌目的霉菌等。在非病原性细菌中常见的有芽孢杆菌属、甲烷极毛杆菌属、氢极毛杆菌属，以及放线菌属中的分枝杆菌、诺卡氏菌、小球菌等。

5. 非蛋白氮饲料

凡含氮的非蛋白可饲物质均可称为非蛋白氮饲料。作为简单的纯化合物质，非蛋白氮饲料不能给肉牛提供能量，其作用只是供给瘤胃微生物合成蛋白质所需的氮源，以节省饲料蛋白质。目前世界各国大都用非蛋白氮饲料作为反刍动物蛋白质营养的补充来源，效果显著。

(1) 尿素（彩图 9） 纯尿素含氮量为 46%，一般商品尿素的含氮量为 45%。每千克尿素相当于 2.8 千克粗蛋白质，或相当于 7 千克大豆饼（粕）的粗蛋白质含量。试验证明，用适量的尿素取代日粮中的蛋白质饲料，不仅可降低生产成本，而且能提高生产力。

☞【注意】

①瘤胃微生物对尿素的利用有一个逐渐适应的过程，一般需 2 ~ 4 周适应期。②用尿素提供氮源时，应补充硫、磷、铁、锰、钴等元素的不足，因尿素不含这些元素，且氮与硫之比以 (10 ~ 14)∶1 为宜，为微生物合成含硫氨基酸和吸收利用氮素提供有利条件。③当日粮已满足瘤胃微生物正常生长对氮的需要

时，添加尿素效果不佳。至于多高的日粮蛋白质水平可满足微生物的正常生长并非定值，常随着日粮能量水平、采食量和日粮蛋白质本身的降解率而变，一般高能或高采食量情况下，微生物生长旺盛，对非蛋白氮饲料的利用能力较强。④饲粮中应有充足的可溶性碳水化合物，微生物利用碳水化合物的实质是满足自身生长繁殖的能量，同时为合成菌体蛋白提供碳源，保证尿素的充分利用。⑤供给适量的维生素，特别是维生素 A、维生素 D，以保证微生物的正常活性。⑥要控制尿素在瘤胃中分解的速度，注意氨的中毒。当瘤胃氨水平上升到 800 毫克/升，血氨水平超过 50 毫克/升时，就可能出现中毒。氨中毒一般多表现为神经症状及强直性痉挛，0.5～2.5 小时可发生死亡。灌服冰醋酸中和氨或用冷水使瘤胃降温可以防止死亡。⑦尿素的饲喂对象为 6 个月以上的肉牛。

【提示】

　　正确的饲喂方法：尿素不宜单独饲喂，应与其他精料补充料合理搭配，均匀混合后饲喂，用量不能超过日粮总氮量的 1/3，或干物质的 1%，即每 100 千克体重按 20～30 克饲喂，如果饲粮中本身含非蛋白氮较高，尿素用量则应酌减；尿素在饲喂前可粉碎成粉末状，均匀混合到精料补充料中，也可用少量水把尿素溶解、拌入精料补充料中，使其呈团块状。一定要混合均匀，以免引起中毒，并且要现拌现喂，否则会由于氨气的挥发影响饲料的适口性和尿素的利用效果。尿素不能集中一次大量饲喂，应分数次均匀投喂。禁止将尿素加入饮水中喂饮，喂完尿素后也不能立即让肉牛饮水，至少间隔 1 小时后再饮水。尿素不可与脲酶活性高的饲料［如加热不足的大豆饼（粕）、生大豆、南瓜等］一起喂肉牛，以免引起中毒；浸泡粗饲料投喂或调制成尿素青贮料饲喂，与糖浆制成液体尿素精料补充料投喂或做成尿素颗粒料、尿素精料砖等也是有效的利用方式。

（2）**铵盐类** 胺盐类包括缩二脲、脂肪酸尿素、腐脲、羧甲基纤维素尿素、氨基浓缩物、磷酸脲、碳酸氢铵、硫酸铵、多磷酸铵、氯化铵、醋酸铵、丙酸铵、乳酸铵和丁酸铵等。

六、矿物质饲料

矿物质饲料是补充肉牛矿物质需要的饲料，包括人工合成的、天然单一的和多种混合的矿物质饲料，以及配合有载体或赋形剂的痕量、微量、常量元素补充料。矿物质饲料分为常量矿物质饲料、微量矿物质饲料和天然矿物质饲料3类。

1. 常量矿物质饲料

（1）含钙饲料

1）石粉（彩图10）。即石灰石粉，为白色或灰白色粉末，是由天然矿石经筛选后粉碎、筛分而成的产品，属天然的碳酸钙（$CaCO_3$），一般含钙35%以上。在配合饲料中石粉用量一般为1%～2%。

【注意】

单独利用过量石粉，会降低饲粮有机养分的消化率，使肉牛的泌尿系统尿酸盐过多沉积而发生炎症，甚至形成结石，最好与有机态含钙饲料如贝壳粉按1:1比例配合使用。

2）贝壳粉（彩图11）。贝壳粉是各种贝类外壳（蚌壳、牡蛎壳、蛤蜊壳、螺蛳壳等）经加工粉碎而成的粉状或粒状产品，多呈灰白色、灰色、灰褐色。优质的贝壳粉含钙量应不低于33%。品质好的贝壳粉杂质少，含钙高，呈白色粉状或片状，细度以25%通过50目筛为宜。

【注意】

贝壳粉内常掺杂砂石和泥土等杂质，使用时应注意检查。若贝肉未除尽，加之贮存不当，堆积日久易出现发霉、腐臭等情况，这会使其饲料价值显著降低。

3）蛋壳粉（彩图12）。禽蛋加工厂或孵化厂废弃的蛋壳，经干燥灭菌、粉碎后即得到蛋壳粉。无论蛋品加工后的蛋壳或孵化出雏后的蛋壳，都残留有壳膜和一些蛋白质，因此，除了含有34%左右钙外，还含有7%的蛋白质及0.09%的磷。蛋壳粉是理想的钙源饲料，利用率高。使用时需注意，蛋壳干燥的温度应超过82℃，以消除传染病源。

【注意】

　　石膏、大理石、白云石、白垩石、方解石、熟石灰、石灰水等均可作为补钙饲料。钙源饲料很便宜，但不能用量过多，否则会影响钙磷平衡，使钙和磷的消化、吸收和代谢都受到影响。微量元素预混料常常使用石粉作为稀释剂或载体，使用量占配合比较大时，配料时应注意把其含钙量计算在内。

（2）含磷饲料

1）磷酸钙类。磷酸钙类包括磷酸一钙（磷酸二氢钙或过磷酸钙）、磷酸二钙（磷酸氢钙）和磷酸三钙（磷酸钙）等。磷酸一钙为白色结晶粉末，含磷22%左右，含钙15%左右，利用率比磷酸二钙或磷酸三钙好；磷酸二钙为白色或灰白色的粉末或粒状产品，含磷18%以上，含钙21%以上（饲料级磷酸氢钙应注意脱氟处理）；磷酸三钙纯品为白色无臭粉末，饲料用磷酸三钙常由磷酸废液制造，为灰色或褐色，并有臭味，经脱氟处理后，称作脱氟磷酸钙，为灰白色或茶褐色粉末，含钙29%以上，含磷15%以上，含氟0.12%以下。

2）磷酸钾类。磷酸钾类包括磷酸一钾和磷酸二钾。磷酸一钾为无色四方晶系结晶或白色结晶性粉末，因其有潮解性，宜保存于干燥处，含磷22%以上，含钾28%以上；磷酸二钾呈白色结晶或无定型粉末。一般含磷13%以上，含钾34%以上。

3）磷酸钠类。磷酸钠类包括磷酸一钠和磷酸二钠。磷酸一钠为白色结晶性粉末，含磷约25%，含钠约19%；磷酸二钠呈白色无味的细粒状，含磷18%~22%，含钠27%~32.5%。

4）其他磷酸盐。磷酸铵、磷酸液、磷酸脲、磷矿石粉等都可以

作为磷饲料来源。

（3）含钠饲料

1）氯化钠（食盐）。精制食盐含氯化钠 99% 以上，粗盐含氯化钠为 95%。纯净的食盐含氯 60.3%，含钠 39.7%，此外尚有少量的钙、镁、硫等杂质。食用盐为白色细粒，工业用盐为粗粒结晶。

【提示】

肉牛需要钠和氯较多，对食盐的耐受量较大，很少发生食盐中毒。一般食盐在风干饲粮中的用量为 0.5%~1.0%。补饲食盐时，除了直接拌在饲料中外，也可以以食盐为载体，制成微量元素添加剂预混料。在缺硒、铜和锌等的地区，也可以分别制成含亚硒酸钠、硫酸铜、硫酸锌或氧化锌的食盐砖、食盐块供放牧时的肉牛舔食。在缺碘地区，给肉牛饲喂食盐时应采用碘化食盐。碘化食盐可以自配，在食盐中混入碘化钾，用量要使其中碘的含量达到 0.007% 为度。配合时，要注意使碘分布均匀，如配合不均，可引起碘中毒。

【注意】

由于食盐吸湿性强，在相对湿度 75% 以上时开始潮解，因此作为载体的食盐必须保持含水量在 0.5% 以下，并妥善保管。碘易挥发，碘化食盐应注意密封保存。

2）碳酸氢钠（小苏打）。碳酸氢钠为白色粉末或无色结晶粉末，无味，略具潮解性，其水溶液因水解而呈微碱性，受热易分解放出二氧化碳。碳酸氢钠含钠 27% 以上，生物利用率高，是优质的钠源性矿物质饲料之一。

一般饲料中，往往缺钠而不缺氯，常以碳酸氢钠取代部分氯化钠。碳酸氢钠不仅可以补充钠，更重要的是其具有缓冲作用。肉牛日粮中添加碳酸氢钠能够调节饲粮电解质平衡，防止精料型日粮引起的代谢性疾病，促进肉牛生长和提高其增重速度。碳酸氢钠一般添加量为 0.5%~2%，与氧化镁配合使用效果更佳。

3）硫酸钠（芒硝）。硫酸钠为白色粉末，含钠 32% 以上，含硫 22% 以上，生物利用率高，既可补钠又可补硫，特别是补钠时不会增加氯含量，是优良的钠、硫补充剂。

4）乙酸钠（醋酸钠）。乙酸钠为无色透明晶体，易溶于水，在体内转变为乙酸和钠离子，既可提供能量又可补钠。乙酸钠对母牛繁殖有良好的影响。当精料补充料超过日粮的 50%~60% 时，补饲乙酸钠，可预防酸中毒。由于乙酸钠无毒，可按每 100 千克体重补给 50 克。

（4）**含硫饲料**　肉牛瘤胃中的微生物能有效地利用无机含硫化合物如硫酸镁（含镁 9.86%，含硫 13.01%。生物学利用率高，来源广泛，成本低廉，是优良的补硫和补镁剂）、硫酸钠、硫酸钾、硫酸钙、硫酸铵（补充硫的同时避免钠的摄入，可稍微增加非蛋白氮含量）等合成含硫氨基酸和维生素。

【注意】

> 对反刍动物而言，蛋氨酸的硫利用率为 100%，硫酸钠中硫的利用率为 54%，元素硫的利用率为 31%，且硫的补充量不宜超过日粮干物质的 0.05%。

（5）**含镁饲料**　饲料中含镁丰富，一般都在 0.1% 以上，因此不必另外添加。但早春牧草中镁的利用率很低，有时会使放牧家畜因缺镁而出现"草痉挛"，故对放牧的肉牛及用玉米作为主要饲料并补加非蛋白氮饲喂的牛肉，常需要补加镁。常用的镁盐有氧化镁、硫酸镁、碳酸镁和磷酸镁等。

2. 天然矿物质饲料

（1）**沸石（彩图 13）**　沸石是沸石族矿物质的总称，已知的天然沸石有四十余种，其中最有使用价值的是斜发沸石和丝光沸石。天然沸石是含碱金属和碱土金属的含水铝硅酸盐类。沸石的多孔性和吸附性，决定其饲用价值：①在消化道，天然沸石除可选择性地吸附氨气、二氧化碳等物质外，还能吸附某些细菌毒素，对机体有良好的保健作用；②它的吸附作用还可以延缓营养物质在消化道内的停留时间，从而促进营养物质的充分利用；③沸石是其他金属离子的高效交换剂；④在畜牧生产中沸石常用作某些微量元素添加剂的载体和稀释剂，用作畜禽无毒无污染的净化剂和改良池塘水质，还是良好的饲料防结块剂。

（2）麦饭石 因其外观似麦饭团而得名，是一种经过蚀变、风化或半风化，具有斑状或似斑状结构的中酸性岩浆岩矿物质，由于具有多孔性海绵状结构，决定了它有强的选择吸附性。麦饭石（彩图 14）的主要化学成分是二氧化硅和三氧化二铝，二者约占麦饭石的 80%。其饲用价值：①可减少动物体内某些病原菌和有害重金属元素等对动物机体的侵害；②麦饭石中含有钾、钠、钙、镁、铜、锌、铁、硒等对动物有益的常量、微量元素，且这些元素的溶出性好，有利于体内物质代谢；③可使肠黏膜增厚，肠腺发达，肠绒毛数量增多，从而有利于营养物质的消化吸收；④麦饭石可降低饲料中棉籽饼毒性；⑤在畜牧生产中，麦饭石一般用作饲料添加剂，以降低饲料成本，也用作微量元素及其他添加剂的载体和稀释剂。

（3）膨润土（彩图 15） 膨润土是由酸性火山凝灰岩变化而成的，俗称白黏土，又名班脱岩，是蒙脱石类黏土岩组成的一种含水的层状结构铝硅酸盐矿物。

膨润土含有动物生长发育所必需的多种常量和微量元素，这些元素以可交换的离子和可溶性盐的形式存在，易被吸收利用；具有良好的吸水性、膨胀性功能，可延缓饲料通过消化道的速度，提高饲料的利用率；可作为生产颗粒饲料的黏结剂，可提高产品的成品率；膨润土的吸附性和离子交换性，可提高动物的抗病能力。

（4）其他天然矿物质饲料 如稀土元素、海泡石、凹凸棒石、泥炭等。

七、维生素饲料

维生素主要包括脂溶性维生素和水溶性维生素，是一类动物代谢所必需而需要量极少的低分子有机化合物，体内一般不能合成，

必须由日粮提供，或者提供其先体物。脂溶性维生素包括维生素
A、维生素 D、维生素 E 和维生素 K，在消化道内随脂肪一同被吸
收，吸收的机制与脂肪相同，凡有利于脂肪吸收的条件，均有利于
脂溶性维生素的吸收。除维生素 K 可由动物消化道微生物合成所需
的量外，其他脂溶性维生素都必须由日粮提供；水溶性维生素包括
B 族维生素、维生素 C 等。肉牛瘤胃微生物能合成足够其所需的 B
族维生素和维生素 C，一般不需日粮提供，但瘤胃功能不健全的幼
年肉牛除外。

各种优质干草、青绿饲料、豆科牧草、植物籽实中都含有丰富的
维生素。

八、饲料添加剂

饲料添加剂是为了满足肉牛的营养需要、完善日粮的全价性或某
种目的，如改善饲料的适口性，提高肉牛对饲料的消化率，提高抗病
力或产品质量等而加入饲料中的少量或微量物质。

1. 营养性添加剂

营养性添加剂主要包括维生素添加剂、微量元素添加剂、氨基
酸添加剂、非蛋白氮类添加剂。添加时一定要按添加剂说明书上的
操作方法加入饲料中。一般先用少量饲料搅拌混匀，将添加剂至少
扩大到 100 倍后才能加入全部饲料中，充分搅拌混合，以保证均匀
有效。

（1）**维生素添加剂**　它是由合成或提纯方法生产的单一或复合
维生素。对肉牛来说，由于瘤胃微生物能够合成 B 族维生素和维生
素 K，肝脏、肾脏中能合成维生素 C，如饲料供应平衡，一般不会缺
乏。除犊牛外，一般不需额外添加此类维生素。但维生素 A、维生素
D、维生素 E 等脂溶性维生素应另外补充，它们是维持肉牛健康和促
进其生长不可缺少的有机物质。

（2）**微量元素添加剂**　微量元素一般指占动物体重 0.01% 以下
的元素。肉牛容易缺乏的微量元素有铜、锌、锰、铁、钴、碘、硒
等，一般制成混合添加剂进行添加。这些微量元素除为肉牛提供必需

的养分外，还能激活或抑制某些维生素、激素和酶，对保证肉牛的正常生理机能和物质代谢有着极其重要的作用。因此，它们是肉牛生命过程中不可缺少的物质。

【提示】

> 微量元素添加剂组成原料是含这些微量元素的无机或有机化合物，如无机酸盐、氧化物、氨基酸螯合物等。微量元素在饲料中的用量极少，一般每千克饲料加入几毫克至几百毫克，混合不均匀很容易造成用量过小不起作用或用量过大引起中毒。

（3）氨基酸添加剂 瘤胃微生物合成的微生物蛋白质中，蛋氨酸和赖氨酸较缺乏，为肉牛的限制性氨基酸。给3月龄前的犊牛专用人工乳、开食料中添加氨基酸，具有良好的作用；对成年牛或育肥肉牛，瘤胃中的微生物可分解氨基酸为氨，日粮中添加的蛋氨酸、赖氨酸需经特殊保护剂处理，使其到达小肠被吸收利用。

【注意】

> 为肉牛选购氨基酸添加剂，一定要选择具有过瘤胃氨基酸保护技术的制剂，以保障氨基酸在瘤胃内不被降解，保持氨基酸完整，进入小肠后能被有效利用。

（4）非蛋白氮类添加剂 非蛋白氮是指除蛋白质、肽及氨基酸以外的含氮化合物。在饲料中应用的非蛋白氮一般为简单化合物，作为反刍动物饲料添加剂使用的化合物有尿素、硫酸铵、磷酸铵、磷酸脲、缩二脲和异丁叉二脲等。从有效性和经济性考虑，尿素最佳。

2. 非营养性添加剂

非营养性添加剂不是饲料内的固有营养成分。其种类很多，它们的作用是提高饲料利用率，促进肉牛生长发育，改善饲料加工性能，改善畜产品品质等。

（1）聚醚类抗生素添加剂 聚醚类抗生素又称离子载体抗生素，

包括莫能霉素（瘤胃素）、盐霉素、拉沙里菌素、海南霉素和马杜拉霉素等。这类抗生素具有抑制和杀灭球虫的作用，用于肉牛饲料中，可以减少瘤胃蛋白降解，增加过瘤胃蛋白数量，调控瘤胃内挥发性脂肪酸的产生，增加丙酸，减少乙酸和丁酸，同时减少甲烷的产生，提高能量利用率，使肉牛增重和饲料转化率得到改善。瘤胃素是欧盟允许使用的肉牛促生长添加剂。

【小技巧】

莫能霉素的正确利用：一是方法得当。使用莫能霉素，可以掺入肉牛日粮中充分拌匀后分次投喂，也可制成预混料使用。预混料制作方法是取商品莫能霉素 500 克（每千克商品莫能霉素含纯品 60 克）、玉米粉 200 千克，充分拌匀后按量分次投喂。二是用量合理。使用不当会引起中毒，甚至导致肉牛死亡。放牧期用量：0~5 天，每头每天用 100 毫克，以后每头每天 200 毫克。舍饲育肥期用量：以精饲料为主时，每头每天用 150~200 毫克，以粗饲料为主时，每头每天用 200 毫克。育肥期每头每天用量不得超过 360 毫克。

（2）**酶制剂**　饲用酶制剂是将一种或多种用生物工程技术生产的酶与载体和吸湿剂采用一定的加工工艺生产的一种饲料添加剂。饲用酶制剂按其特性及作用主要分为两大类：一类是外源性消化酶，包括蛋白酶、脂肪酶和淀粉酶等。这类酶肉牛消化道能够合成与分泌，但因种种原因需要补充和强化。主要功能是补充幼年肉牛体内消化酶分泌不足，以强化生化代谢反应，促进饲料中营养物质的消化与吸收。另一类是外源性降解酶，包括纤维素酶、半纤维素酶、β-葡聚糖酶、木聚糖酶和植酸酶等。目前生产上使用的酶制剂多是复合酶。

【小知识】

酶制剂应用方式：一是直接将固体状的饲用酶制剂添加在配合饲料之中。这是目前的主要应用方式，特点是操作简单，但饲料制粒过程中可能破坏酶的活性。二是将液态酶喷洒在制粒后的颗粒表面。国际上正在推行这种方式，其优点是避免了制粒时对酶活性的影响，但液态酶本身的稳定性比固态酶差。三是用于饲料原料的预处理。四是直接饲喂肉牛。

（3）**酸化剂**　能使饲料酸化的物质叫酸化剂。饲料添加酸化剂，可以增加幼龄肉牛发育不成熟的消化道的酸度，刺激消化酶的活性，提高饲料养分消化率。同时，酸化剂可杀灭或抑制饲料本身存在的微生物，可抑制消化道内的有害菌，促进有益菌的生长。因此，使用酸化剂可以促进肉牛健康，减少疾病，提高肉牛生长速度和饲料利用率。

目前用作饲料添加剂的酸化剂有 3 种：一是单一酸化剂，如延胡索酸、柠檬酸；二是以磷酸为基础的复合酸；三是以乳酸为基础的复合酸。以乳酸为基础的复合酸优于以磷酸为基础的复合酸，因为乳酸没有刺激性气味，能提高日粮的适口性，能明显促进消化道中有益菌的生长；能提供肉牛所需的能量（乳酸能值为10 兆焦/千克）。

（4）**益生菌**　益生菌是一类有益的活菌制剂，其生产菌种很多，美国已批准菌种有 43 种。其中，主要使用的菌种有乳酸杆菌、粪链球菌、芽孢杆菌及酵母。目前主要应用的是嗜酸乳酸杆菌、双歧杆菌和粪链球菌、枯草杆菌、地衣芽孢杆菌和东洋杆菌。益生菌可维持肉牛肠道正常微生物区系的平衡，抑制肠道有害微生物繁殖。

（5）**缓冲剂**　肉牛在使用高精料日粮时，或由高纤维日粮向高精料日粮转化过程中，瘤胃发酵产生大量的挥发性脂肪酸，超过唾液的缓冲能力时，瘤胃内的 pH 就会下降。pH 低于 6.0 时，蛋白质、纤维素的消化率就会降低，乳脂生成被抑制。pH 过低时，就会出现酸中毒。日粮中添加缓冲剂，可以弥补内源缓冲能力的不足，预防酸中毒，提高瘤胃的消化功能，从而改善肉牛的生产性能。

【注意】

肉牛日粮中精料补充料水平达 50%～60% 时，就应该加缓冲剂，当饲喂高纤维饲粮时不必使用缓冲剂。最常用的缓冲剂是碳酸氢钠，用量为日粮干物质进食量的 0.5%～1.0%，或精料补充料的 1.2%～2.0%。

（6）脲酶抑制剂　肉牛可以利用尿素作为氮源。尿素进入瘤胃后，分解的速度比较快。尿素分解过快，产生大量的氨不能被利用，易造成肉牛氨中毒，这些原因严重限制了肉牛对尿素的利用。脲酶抑制剂能特异性地抑制脲酶活性，减慢氨释放速度，使瘤胃微生物有平衡的氨氮供应，从而提高瘤胃微生物对氨氮的利用效率，增加蛋白质的合成量，使肉牛对氮的利用效率提高，在降低日粮水平、节约蛋白质饲料的同时，增加了肉的生产量。

生产上常用的脲酶抑制剂有氢醌、苯基汞化醋酸盐、硫酸铜、邻-苯基磷酰二胺、儿茶酚、硫代磷酰三胺、异位酸类化合物（异丁酸、异戊酸）等。

（7）抗氧化剂　饲料中的某些成分，如鱼粉和肉粉中的脂肪及添加的脂溶性维生素 A、维生素 D、维生素 E 等，可因与空气中的氧、饲料中的过氧化物及不饱和脂肪酸等的接触而发生氧化变质或酸败。为了防止这种氧化作用，可加入一定量的抗氧化剂。常用的抗氧化剂有乙氧基喹啉（乙氧喹，商品名为山道喹）、二丁基羟基甲苯、丁基羟基茴香醚。

（8）防霉剂　饲料中常含有大量微生物，在高温、高湿条件下，微生物易于繁殖而使饲料发生霉变，不但影响适口性，而且还可产生毒素引起肉牛中毒。因此，在多雨季节，应向日粮中添加防霉剂。常用的防霉剂有丙酸钠、丙酸钙、山梨酸钾和苯甲酸等（彩图16）。

（9）中草药饲料添加剂　中草药兼有营养和药用 2 种属性。其营养属性主要是为肉牛提供一定的营养素。药用功能主要是调节肉牛机体的代谢机能，健脾健胃，增强机体的免疫力。中草药还具有抑菌杀菌功能，可促进肉牛的生长，提高饲料的利用率。中草药中有效成

分绝大多数呈有机态，如寡糖、多糖、生物碱、多酚和黄酮等，通过肉牛机体消化吸收再分布，病原菌和寄生虫不易对其产生抗药性，肉牛机体内无药物残留，可长时间连续使用，无须停药期。由于中草药成分复杂多样，应用中草药作为添加剂必须根据肉牛的不同生长阶段特点，科学设计配方；确定、提取与浓缩有效成分，提高添加剂的效果；对有毒性的中药成分，应通过安全试验，充分证明其安全有效。

第二章
肉牛饲料的加工调制

第一节　秸秆饲料的加工调制方法

秸秆饲料虽然营养价值低，但用作肉牛饲料可促进正常的瘤胃发酵，预防消化障碍等。经过适宜加工处理，可改善其适口性，提高其营养价值和消化率，明显提高其饲用价值。

一、物理加工方法

1. 机械加工

机械加工是指利用机械将粗饲料切短、粉碎或揉碎、压块、制粒等方法（图2-1），简便而又常用。尤其是秸秆饲料比较粗硬，加工后便于咀嚼，减少能耗，提高采食量，并减少饲喂过程中的饲料浪费。

切短　　　　粉碎　　　　压块　　　　制粒

图 2-1　饲料的机械加工方法

（1）切短　利用铡草机将粗饲料切短至 1~2 厘米。稻草较柔软，可稍长些；玉米秸秆较粗硬，有结节，以 1 厘米左右为宜；青贮玉米秸应切短至 2 厘米左右，以便于踩实。

【注意】

切短和粉碎的饲料可增加采食量，但缩短了饲料在瘤胃里停留的时间，会引起纤维物质消化率下降和瘤胃内挥发性脂肪酸生成速度和丙酸比例有所增加，引起反刍减少，导致瘤胃内pH 下降，因此，饲料长度应适宜。

（2）**粉碎**　粗饲料粉碎可提高饲料利用率和便于混拌精料，也可直接饲喂肉牛。秸秆经粉碎后饲料表面积增加，从而增加了消化液与饲料的接触面，提高饲料消化率。

【提示】

粉碎的细度不应太细，否则会影响反刍，粉碎机的筛底孔径以 8～10 毫米为宜。长的粗饲料可维持瘤胃内容物的结构层，刺激瘤胃蠕动、反刍和唾液分泌，因此，日粮中至少应有 1/3 的长粗饲料（2～5 厘米）。

（3）**揉碎**　揉碎机械是近几年来推出的新产品。为适应肉牛对粗饲料利用的特点，将粗硬的秸秆饲料揉搓成没有硬节的不同长短的细丝条，尤其适于玉米秸的揉碎。秸秆揉碎不仅提高适口性，也提高了饲料利用率，是当前秸秆饲料利用比较理想的加工方法。

（4）**压块**　压块是将切碎的粗饲料或补充饲料，用压块机压制成具有一定尺寸的块状饲料（也称砖型饲料）。

（5）**制粒**　制粒是将粉状饲料经（或不经）水蒸气调制，在制粒机内将其挤压，使其通过压模的压孔，再经切割、冷却干燥、破碎和分级，最后制成满足一定质量要求的颗粒成品。

【提示】

秸秆类饲料压块和制粒能提高肉牛采食量，减少饲喂中的浪费。肉牛用颗粒料直径为 6～8 毫米。压块和制粒后的秸秆饲料含水量小于或等于 14% 时，可以安全贮存。

2. 热加工

热加工主要指蒸煮、膨化和高压蒸汽裂解 3 种方法，见图 2-2。

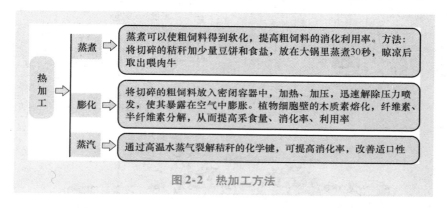

图 2-2　热加工方法

二、化学加工方法

化学加工是指使用化学制剂作用于作物秸秆，使秸秆内部结构发生改变，如切断了秸秆细胞壁中的半纤维素与木质素之间的连接键，使木质素部分溶解，纤维素变得易消化；使秸秆细胞壁膨胀，增加了纤维之间的孔隙度，表面积和吸水能力增加，有利于消化酶的接触和消化；还可以减少秸秆细胞壁中酚、醛、酸类物质，有利于瘤胃微生物的分解，从而达到提高消化率和营养价值的目的。

用于秸秆处理的化学制剂很多，碱性制剂有氢氧化钠、氢氧化钙、氢氧化钾、氨、尿素等；酸性制剂有甲酸、乙酸、丙酸、丁酸、硫酸等；盐类制剂有碳酸氢铵、碳酸氢钠等；氧化还原剂有氯气、次氯酸盐、双氧水（过氧化氢）、二氧化硫等。在生产中被广泛应用的是碱化处理和氨化处理。

1. 碱化处理

碱化处理是通过氢氧根离子破坏木质素与半纤维素间脂键，溶解半纤维素，使饲料软化，提高粗饲料消化率。碱化处理主要有氢氧化钠湿碱化法、石灰乳和生石灰干碱化法，处理流程图见图 2-3。

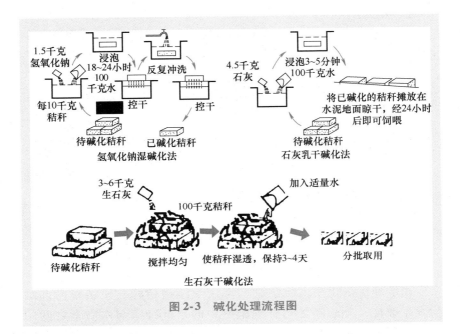

图 2-3　碱化处理流程图

2. 氨化处理

在秸秆中加入一定比例的氨水、液氨、尿素等，促使木质素与纤维素、半纤维素分离，使纤维素及半纤维素部分分解，细胞膨胀，结构疏松，破坏木质素与纤维素之间的联系；氨与秸秆中的有机物质发生化学反应，形成铵盐（醋酸铵），可提供肉牛蛋白质需要量的 25%～50%，是肉牛瘤胃微生物的氮素营养源；氨与秸秆中的有机酸结合，消除了醋酸根，中和了秸秆中潜在的酸度，使瘤胃微生物更活跃。氨化处理可以提高秸秆的消化率（提高 20%～30%）、营养价值（粗蛋白质含量提高 1.5 倍）和适口性，能够直接饲喂肉牛，是经济、简便、实用的秸秆处理方法之一。氨化处理方法主要有堆垛氨化法、窖贮氨化法，应本着因地制宜、就地取材、经济实用的原则来选用。

（1）**堆垛氨化法**　见图 2-4。

说明: A.在地面砌一个高0.1~0.2米、宽2~4米的平台, 长则按制作量而定;
B.用水喷洒整捆秸秆, 码垛高2~3米; C.用厚的无毒塑料薄膜密封, 四周用
石块和沙土把塑料薄膜边与地面压紧密封, 用带孔不锈钢锥管按每隔2米插
入, 接上高压气管, 通入氨气。为避免风把塑料薄膜刮开, 每隔1~1.5米用
绳子两端各拴5~10千克石块搭在草垛上, 把垛压紧

图2-4   堆垛氨化法示意图

【提示】

　　氨主要来源于液氨、氨水、尿素和碳铵。氨水的化学反应
比较缓慢, 环境温度越低, 氨贮时间越长。温度在30℃以上需
要5~7天、20~30℃需要7~14天、10~20℃需要14~28天、
0~10℃需要28~56天; 使用尿素处理, 一般需要比用氨水延
长5~7天, 而且夏季应在荫蔽条件下进行, 防止阳光暴晒直
射, 避免由于高温限制脲酶活性, 不利于尿素的分解。

【注意】

　　在整个氨化过程中, 应加强全程管理, 防范人畜和冰雹雨
雪的破坏。要注意密封, 防止漏入雨水。氨化好的秸秆开垛时
有强烈的氨味, 放净余氨后氨化秸秆有烟香或酸香味。释放氨
的方法是自然风吹日晒。开垛放氨要选择晴天, 气温越高越好。
注意勿使氨化秸秆受到雨水浇淋。

　　(2) 窖贮氨化法(图2-5)　　窖贮氨化法是我国目前推广应用较
普遍的一种秸秆氨化方法。将秸秆切成2厘米左右, 粗硬的秸秆如玉
米切得短些, 较柔软的可稍长些。每100千克秸秆配用5千克尿素
(或碳铵)、40~60升水。把尿素(或碳铵)溶于水中, 搅拌至完全

溶化后，分数次喷洒在秸秆上拌匀（入窖前后喷洒均可），如在入窖前将秸秆摊开喷洒则更均匀。边入窖边踩实，装满后用塑料薄膜覆盖密封，再用细土压好。窖贮氨化法所需时间可参考堆垛氨化法。

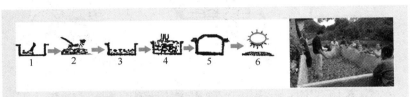

图 2-5　秸秆窖贮氨化法示意图和实景图

1—清扫氨化窖　2—将尿素或碳铵与秸秆搅拌均匀　3—入窖　4—稍微踩实
5—用塑料薄膜密封　6—晒干

氨化饲料品质感官鉴定见表 2-1。

表 2-1　氨化饲料品质感官鉴定

等　　级	色　泽	气　味	质　地
优良	褐黄	烟香	松散柔软
良好	黄褐	烟香	较柔软
一般	黄白或褐黑	无烟香或微臭	轻度黏性
劣质	灰白或褐黑	刺鼻臭味	黏结成块

3. 酸处理

使用硫酸、盐酸、磷酸和甲酸处理秸秆饲料称为酸处理，其原理和碱化处理相同，用酸破坏木质素与多糖（纤维素、半纤维素）链间的脂键结构，以提高饲料的消化率。但酸处理成本太高，在生产上很少应用。

4. 氨-碱复合处理

为了使秸秆饲料既能提高营养成分含量，又能提高消化率，把氨化与碱化二者的优点结合利用，即秸秆饲料氨化后再进行碱化，如稻草氨化处理的消化率仅为 55%，而复合处理后则达到 71.2%。当然复合处理投入成本较高，但能够充分发挥秸秆饲料的经济效益和生产潜力。

三、生物学加工方法

粗饲料的生物学加工方法主要指微生物的处理。其主要原理是利用某些有益微生物，在适宜培养的条件下，分解秸秆中难以被肉牛利用的纤维素或木质素，并增加菌体蛋白质、维生素等有益物质，软化秸秆，改善味道，从而提高粗饲料的营养价值。微生物种类很多，但用于饲料生产中真正有价值的是乳酸菌、纤维分解菌和某些真菌。应用这些微生物加工调制粗饲料的方法与青贮饲料、发酵饲料一样，也是在厌氧条件下，加入适当的水分、糖分，在密闭的环境下，进行乳酸发酵。在粗饲料微生物的处理方面，国外筛选出一批优良菌种用于发酵秸秆，如层孔菌、裂褶菌、多孔菌、担子菌、酵母菌、木霉菌等。我国已培育出一些可供生产应用的优良菌株，并有了成型的固体培养技术，有一定的优势。

1. 秸秆微贮

秸秆微贮即农作物秸秆经秸秆发酵活菌发酵所制作的优质饲料。

（1）**秸秆微贮的原理**   秸秆微贮就是利用微生物活菌，在适宜的温度（10～40℃）、湿度（60%～70%）和厌氧条件下发酵秸秆，使秸秆中大量的纤维素、木质素被分解，转化为糖类。糖类又被有机酸发酵转化为乳酸和挥发性脂肪酸，使 pH 降到 4.5～5.0，抑制腐败菌等有害菌的繁殖，利于秸秆长期保存。肉牛食用微贮秸秆后，瘤胃中挥发性脂肪酸含量增加，从而使瘤胃微生物菌体蛋白质合成量增加，达到提高生产性能的目的。

（2）**微贮饲料的特点**

1）肉牛采食量高，增重快。秸秆经微生物发酵后，纤维素、半纤维素等物质被降解，增加了秸秆的柔软性和膨胀度，使瘤胃微生物能直接与纤维素附着接触，微贮秸秆又具有酸香味，因而使秸秆的适口性和采食量增加。与一般秸秆相比，用微贮秸秆饲喂肉牛，肉牛采食速度可提高 30%～45%，采食量增加 20%～30%，日增重可提高 30% 左右。

2）饲养成本低，效益高。氨化秸秆每吨需尿素 50 千克，成本达

百元左右，而微贮 1 吨秸秆只需 3 克秸秆发酵活菌，加上 2 克白糖和 8 克食盐，成本不足 15 元，与氨化饲料相比节约费用 85% 左右。

3）制作季节长，利于推广。青贮饲料季节性很强，而微贮饲料除冬季外，春、夏、秋季均可制作，南方可全年制作，避免了青贮秸秆与农忙争时的矛盾，有利于在生产中应用。

4）制作工艺简单，易于推广。微贮饲料的制作工艺和方法与青贮、氨化饲料基本相同，容易掌握，易于普及推广。

5）无毒无害，无副作用。长期饲喂安全可靠，可避免氨化秸秆易中毒的现象发生。

（3）微贮饲料制作技术

1）原料准备。秸秆微贮是一项适应性广的技术，几乎所有的农作物秸秆和豆科牧草都可以微贮。用于微贮的秸秆最好选用当年新鲜秸秆，不能混入霉变秸秆和沙土等杂质，也不可以同氨化秸秆一起混贮。微贮前将秸秆切成 3 ~ 5 厘米。

2）秸秆发酵活菌复活及溶液配制。配制菌液前，按照当天处理的秸秆量复活所需活菌量。以每处理 1 吨秸秆需 3 克活菌计算，先将 20 克白糖加入 200 毫升水中，再将 3 克活菌溶于白糖溶液中配制成复活菌液，在常温中放置 1 ~ 2 小时后方可使用。

按照表 2-2 中的比例称出食盐用量，溶解在洁净的水容器中，配制成 0.8% ~ 1.0% 的盐水，然后根据秸秆的重量计算出所需的活菌（1 吨秸秆需 3 克活菌），将配制好的菌液兑入盐水中，搅拌均匀后就可喷洒在秸秆表面。配制好的菌液不能过夜，必须当天用完。

表 2-2　微贮饲料配制比例

秸秆种类	秸秆重量/千克	秸秆发酵活菌用量/克	食盐/千克	用水量/升	原料含水量（%）
稻、麦秸秆	1000	3.0	9 ~ 12	1200 ~ 1400	60 ~ 70
黄玉米秸	1000	3.0	6 ~ 8	800 ~ 1000	60 ~ 70
青玉米秸	1000	3.0		适量	60 ~ 70

3）装窖。将秸秆切短入窖，均匀地铺入窖底，每铺 20～30 厘米厚，就按照秸秆的重量和含水量喷洒配制好的菌液，再用拖拉机压实，一直压到高出窖口 40 厘米为止。稻草、麦秸秆的营养价值与玉米秸相比要差一些，为了给微生物发酵补充营养，每铺放一层秸秆，可均匀地撒上少量麸皮或玉米粉，用量为每 1000 千克秸秆撒 2～3 千克。检查原料含水量是否适当，各处是否均匀，特别要注意层与层之间水分的衔接，不应出现夹干层。含水量的检查方法是：抓起秸秆，用双手揉搓，若有水滴，则其含水量约为 80% 以上；若无水滴，松开手后会看到手上水分很明显，则为 60% 左右；若手上有水，则为 50%～55%；若感到手上潮湿，则为 40%～45%；不潮湿则含水量在 40% 以下，微贮饲料含水量要求在 60%～70% 最为理想。

4）封窖。当原料压实后高出窖口 40 厘米时，在窖顶的原料表面喷洒菌液，然后再撒盐（250 克/米²），以防上层原料霉烂。用塑料薄膜盖严后，再用土覆盖 30～50 厘米（覆土时要从一端开始，逐渐压到另一端，以排出窖内空气），窖顶呈馒头形或屋脊形，不漏气，不漏水。封窖后应经常检查密封情况，发现下沉应及时用土填平。

5）开窖。开窖时应从窖的一端开始，先去掉上面覆盖的部分土层，然后揭开塑料薄膜，从上到下垂直切取，每次取完后要用塑料薄膜将窖口封好，以减少微贮饲料与空气接触的时间，降低微贮饲料被氧化的程度，防止二次发酵。

（4）微贮饲料质量评定　根据微贮饲料的外部特征，用看、嗅、手感的感官方法鉴定微贮饲科的好坏。首先从色泽判断，优质微贮青玉米秸秆饲料色泽呈橄榄绿，稻草、麦秸秆呈金黄色，如果呈褐色或墨绿色则质量较差。其次，从气味判断，优质微贮饲料具有醇香和果香气味，并具弱酸味。若有强酸味，表明醋酸较多，若有腐臭味、发霉味则不能饲喂。最后从手感判断，优质微贮饲料在手里会感到很松散，且质地柔软；若拿到手上发黏，说明质量较差。有的虽然松散，但干燥粗硬，也属较差微贮饲料。

（5）**微贮饲料的饲喂方法**　微贮饲料可以作为肉牛日粮中的主要粗饲料，饲喂时应与其他饲草料搭配后添加精料饲喂。肉牛对微贮饲料有一个适应过程，应循序渐进，逐步增加微贮饲料的喂量，具体喂量为每头肉牛 10～15 千克/天。

2. 粗饲料人工瘤胃发酵

人工瘤胃发酵是根据牛、羊瘤胃的特点，模拟瘤胃内的主要生理条件，即温度恒定在 38～40℃ 之间，pH 控制在 6～8 的厌氧环境，保证必要的氮、碳和矿物质营养，采用人工仿生制作，使粗饲料质地明显呈"软""黏""烂"，汁液增多，具有膻、臭味。

（1）**制作方法**　首先，采用导管法或永久瘤胃瘘管法，在屠宰牛、羊时从瘤胃中直接获得瘤胃液。瘤胃液要保存在 40℃ 的真空干燥箱内，将瘤胃内容物粉碎，一般 600 克瘤胃内容物可制得 100 克菌种。其次，准备各种作物秸秆、秕壳并粉碎待用，然后进行保温。常用的保温方法有 3 种：①暖缸自然保温法，在装发酵料的大缸周围和底部，填装 150 毫米厚的秕谷、糖麸、木屑等踏实，在四周用土坯或砖砌起围墙，缸口处用土坯或砖铺平抹好，上面盖上草帘等物保温；②加热保温法，北方可在缸下部，修建火道或烟道，利用烧火的余热进行保温，可加火门调节使受热均匀；③室内保温法，利用固定的房屋，建造火墙、火炉、土暖气等方法，使室温保持在 35～40℃。最后，堆积或装缸，压实封闭 36 小时，即可饲用。

制作瘤胃发酵饲料时可添加其他营养物。瘤胃微生物必须有一定种类和数量的营养物质，并稳定在 pH 为 6～8 的环境中，才能正常繁殖。粗饲料发酵的碳源由粗饲料本身提供，不足时再加；氮可通过添加尿素替代；加入碱性缓冲剂及酸性磷酸盐类，也可用草木灰替代碱。

目前，国内已有机械化或半机械化的发酵装置，每缸一次可制 1500 千克的发酵饲料。调制前，先将粗饲料在碱池中浸泡 24 小时，发酵过程中的搅拌、出料控制，均由机械操作，大大减轻了劳动强度，适宜大、中型牧场利用。

（2）**发酵饲料的鉴定**　发酵好的饲料，干的浮在上面，稀的沉在下层，表层呈灰黑色，下面呈黄色。原料不同，色泽也不同，如高粱秸为黄色、黏，呈酱状，若表层变黑，表明漏进了空气。味道有酸臭味，若有腐臭味，说明饲料已变坏。用手摸，纤维软化，将滤纸装在用塑料纱网做好的口袋内，置于缸内1/3处，与饲料一同发酵，经48小时后，慢慢拉出，将口袋中的饲料冲掉，滤纸条已断裂，说明纤维分解能力强，否则相反。

生物学加工方法因操作技术复杂，投入成本太高，一般难以在生产上推广应用，但粗饲料处理后营养价值得到提高，也有利于饲料的消化利用，因此，有条件的地区或养殖场可采用此法。

综上所述，粗饲料加工调制的途径很多，在实际应用中，往往是多种方法结合使用。如秸秆饲料经粉碎或切碎后，进行青贮、碱化或氨化处理，如有必要，可再加工成颗粒饲料、草砖或草饼。加工调制途径的选择，要根据当地生产条件、粗饲料的特点、经济投入的大小、饲料营养价值提高的幅度和肉牛饲养的经济效益等综合因素，科学地加以应用。具有一定规模的养殖场，饲料加工调制要向集约化和工厂化方法发展。广大农村分散饲养的养殖户，要选择简便易行、适合当地条件的加工调制方法，并应向专业加工和建立服务体系方向发展，以促进肉牛业高速发展。

第二节　青干草的调制方法

青干草是将牧草及禾谷类作物在质量和产量最好的时期刈割，经自然或人工干燥调制成长期保存的饲草。调制青干草，方法简便，成本低，便于长期大量贮藏。随着农业现代化的发展，牧草的刈割、搂草、打捆采用机械化，使得青干草的质量也在不断提高。

一、牧草刈割时间的选择

制作青干草的牧草要在产量高、质量好的最佳时期刈割。一般栽培的禾本科牧草适宜在抽穗开花阶段刈割，豆科牧草应在孕蕾期至开花阶段刈割。如果是天然牧草或混播牧草，即在1块草地上有几种牧

草时，由数量最多的牧草的情况来决定。这样可最大限度地保存青草的养分，保证单位面积生产最多的营养物质和产量，不耽搁下一茬种植。晒干草时，还要注意天气变化，通常阴天多雨时，宁肯让草长老一些，也不要急于刈割，以免牧草发霉变质。

二、青干草调制的方法

1. 自然干燥法

自然干燥法，是将鲜草放在阳光下自然晒制，使其水分含量降到17%以下即可，可采用平铺和小堆结合晒草法（图2-6）、草架晾晒法（图2-7）。

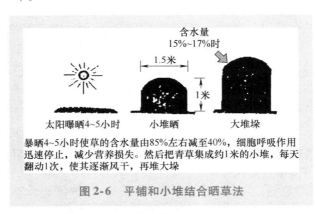

图 2-6　平铺和小堆结合晒草法

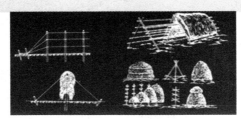

将草搭在草架上自然干燥。比地面自然干燥营养物质减少17%，消化率提高2%，色绿、味香，适口性好，但需要建设草架

图 2-7　草架晾晒法

【注意】

通常在早晨刈割牧草，在 11：00 左右翻晒效果最好，如果需要再翻晒 1 次，可在 13：00 ~ 14：00 进行，没有必要进行多余的翻晒。注意防雨淋。

【注意】

草架晾晒法适用于湿润地区或多雨季节的晒草。牧草堆得要蓬松，厚度不超过 70 ~ 80 厘米，离地面应有 20 ~ 30 厘米，堆中应留通道，以利于空气流通，外层要平整并保持一定倾斜度，以便排水，在架上干燥时间一般为 1 ~ 3 周。

2. 化学制剂干燥法

近几年来，国内外研究用化学制剂加速豆科牧草的干燥速度，应用较多的有碳酸钾、碳酸钾加长链脂肪酸混合液、碳酸氢钠等。其原理是这些化学物质能破坏植物体表面的蜡质层结构，促进植物体内的水分蒸发，加快干燥速度，减少豆科牧草叶片脱落，从而减少了蛋白质、胡萝卜素和其他维生素的损失。但成本较自然干燥法高，适宜在大型草场进行。

3. 人工干燥法

在自然条件下晒制青干草，营养物质的损失相当大，一般干物质的损失占青草总量的 10% ~ 30%，可消化干物质的损失达 35% ~ 45%。如遇阴雨，营养物质的损失更大，可占青草总营养价值的 40% ~ 50%。而采用人工快速干燥法，营养物质的损失只占青草总量的 5% ~ 10%。人工干燥法主要分为常温通风干燥法、低湿烘干法和高温快速干燥法。

（1）**常温通风干燥法**　此法是利用高速风力，将半干青草所含水分迅速风干，它可以看成是晒制青干草的一个补充过程。通风干燥的青草，事先须在田间将草茎压碎并堆成垄行或小堆风干，使含水量下降到 35% ~ 40%，然后在草库内完成干燥过程。通风干燥的青干草，比田间晒制的青干草，含叶较多，颜色绿，胡萝卜素含量要高出 3 ~ 4 倍。

（2）**低温烘干法**　此法采用加热的空气，将青草水分烘干，干燥温度为 50～79℃，需 5～6 小时；干燥温度为 120～150℃，经 5～30 分钟则完成干燥。未经切短的青草置于传送带上，送入干燥室干燥。

（3）**高温快速干燥法**　利用火力或电力产生的高温气流，可将切碎成 2～3 厘米长的青草在数分钟甚至数秒钟内，使含水量降到 10%～12%。高温快速干燥法属于工厂化生产，生产成本较高。其产品可再粉碎成干草粉，或加工成颗粒饲料。采用高温快速干燥法，青草中的养分可以保存 90%～95%，产品质量也最好。

三、青干草的质量评定方法

1. 草样的采集

评定青干草首先应采集好草样平均样。所谓草样平均样是指距表层 20 厘米深处，从草垛各个部位（至少 20 处），每处采集草样 200～250 克，均匀混合而成，样品总重 5 千克左右。其中混入的土块、厩肥等，应视作不可食草部分。每次从平均样抽 500 克进行品质评定。

2. 植物学组成

植物种类不同，营养价值差异较大，按植物学组成，牧草一般可分为豆科草、禾本科草、其他可食草、不可食草和有毒有害草 5 类。欲求各类牧草所占比例，可先将草样分类，称其重量后，按下式计算出各类草所占百分数即可。

$$各类草占样品百分数 = \frac{各类草重量}{样品重量} \times 100$$

天然草地刈割晒制的青干草，豆科比例大者为优等草；禾本科和其他可食草比例大者，为中等草；不可食草比例大者为劣等草；有毒有害草超过 10% 者，则不可作为饲料用。人工栽培的单播草地，只要混入杂草不多，就不必进行植物学组成分析。

3. 青干草的颜色和气味

青干草的颜色和气味，是青干草品质好坏的重要标志。凡绿色程度越深的青干草，表明胡萝卜素和其他营养成分含量越高，品质越优。此外，芳香气味也可作为青干草品质优劣的标志之一。按绿色程度可把青干草品质分为以下 4 类。

（1）鲜绿色　表示青草刈割适时，调制过程未遭雨淋和阳光强烈曝晒，贮藏过程未遇高温发酵，较好地保存了青草中的成分，属优良青干草。

（2）浅绿色　表示青干草的晒制和贮藏基本合理，未遇受雨淋发霉，营养物质无重大损失，属良好青干草。

（3）黄褐色　表示青草刈割过晚，或晒制过程遭雨淋或贮藏期内经过高温发酵，营养成分虽受到重大损失，但尚未失去饲用价值，属次等青干草。

（4）暗褐色　表示干草的调制与贮藏不合理，不仅受到雨淋，且发霉变质，不宜再作为饲用。

4. 青干草的含叶量

一般来说，叶子所含的蛋白质和矿物质比茎多 1～1.5 倍，胡萝卜素多 10～15 倍，而粗纤维比茎少 50%～100%，因此青干草含叶量也是评定其营养价值高低的重要标志。

5. 牧草的刈割期

刈割期对青干草的品质影响很大，一般栽培豆科牧草在现蕾开花期、禾本科牧草在抽穗开花期刈割比较适宜。就天然草地野生牧草而言，确定刈割期可按优势的禾本科、豆科牧草确定。禾本科牧草刈割时，若穗中只有花而无种子，则属花期刈割，若绝大多数穗含种子或留下护颖，则属刈割过晚；豆科牧草刈割时，若在茎下部的 2～3 个花序中仅见到花，则属花期刈割，若草屑中有大量种子，则属刈割过晚。

6. 青干草的含水量

含水量高低是决定青干草在贮藏过程中是否变质的主要标志。青干草的含水量分类见表 2-3。

表 2-3　青干草的含水量分类

干燥情况	含水量（%）	干燥情况	含水量（%）
干燥的	≤15	潮的	17～20
中等干燥的	15～17	湿的	≥20

生产中测定青干草含水量的简易方法是：手握一束青干草轻轻扭转，草茎破裂不断者为水分合适（17% 左右）；轻微扭转草茎即断者，为过干象征；扭转成绳草茎仍不断者，为水分过多。

7. 总评

凡含水量在 17% 以下，毒草及有害草不超过 1%，混杂物及不可食草在一定范围之内，不经任何处理即可贮藏或者直接喂养肉牛，可定为合格青干草（或等级青干草）。含水量高于 17%，有相当数量的不可食草和混合物，需经适当处理或加工调制后，才能贮藏或用于喂养肉牛，属可疑青干草（或等外青干草）。严重变质、发霉，有毒有害植物超过 1% 以上，或泥沙杂质过多，不适于贮藏或用作饲料，属不合格青干草。

对于合格青干草，可按前述指标进一步评定其品质优劣。

第三节　青贮饲料的加工调制方法

一、常规青贮

1. 青贮原理

青贮发酵是一个复杂的微生物活动和生物化学变化过程。青贮过程是为青贮原料上的乳酸菌生长繁殖创造有利条件，使乳酸菌大量繁殖，将青贮原料中可溶性糖类变成乳酸，增加青贮饲料的酸度，当达到一定浓度时，抑制了有害微生物的生长，从而达到保存饲料的目的。因此，青贮的成败，主要取决于乳酸发酵的程度。

2. 青贮的发酵过程

青贮的发酵过程一般分好气性菌活动阶段、乳酸菌发酵阶段和青贮稳定阶段 3 个阶段。

（1）**好气性菌活动阶段**　新鲜青贮原料在青贮容器中压实密封后，植物细胞并未立即死亡，在 1～3 天内仍进行呼吸作用，分解有机物质，直至青贮饲料内氧气耗尽、呈厌氧状态时才停止呼吸。

在青贮开始时，附着在原料上的酵母菌、腐败菌、霉菌和醋酸菌等好气性微生物，利用植物细胞因受机械压榨而排出的富含可溶性碳水化合物的液汁，迅速进行繁殖。腐败菌、霉菌等繁殖最为强烈，它使青贮料中蛋白质被破坏，形成大量吲哚和气体及少量醋酸等。好气性微生物活动结果及植物细胞的呼吸，使青贮原料间存在的少量氧气很快消耗殆尽，形成厌氧环境。另外，植物细胞呼吸作用、酶氧化作用及微生物的活动还放出热量。厌氧和温暖的环境为乳酸菌发酵创造了条件。

如果青贮原料中氧气过多，植物呼吸时间过长，好气性微生物活动旺盛，会使原料内温度升高，有时高达60℃左右，从而削弱乳酸菌与其他微生物的竞争能力，使青贮饲料营养成分损失过多，青贮饲料品质下降。因此，青贮技术关键是尽可能缩短第一阶段时间，通过及时青贮和切短压紧密封好来减少呼吸作用和好气性有害微生物繁殖，以减少养分损失，提高青贮饲料质量。

（2）乳酸菌发酵阶段　厌氧条件及青贮原料中的其他条件形成后，乳酸菌迅速繁殖，形成大量乳酸。酸度增大，pH下降，促使腐败菌、酪酸菌等活动受抑停止，甚至绝迹。当pH下降到4.2以下时，各种有害微生物都不能生存，就连乳酸链球菌的活动也受到抑制，只有乳酸杆菌存在。当pH为3时，乳酸杆菌也停止活动，乳酸发酵即基本结束。

一般情况下，糖分适宜的原料发酵5~7天，微生物总数会达到高峰，其中以乳酸菌为主。

（3）青贮稳定阶段　在此阶段青贮饲料内各种微生物停止活动，只有少量乳酸菌存在，营养物质不会再损失。在一般情况下，糖分含量较高的玉米、高粱等青贮后20~30天就可以进入稳定阶段，豆科牧草需3个月以上，若密封条件良好，青贮饲料可长久保存。

3. 调制优良青贮饲料应具备的条件

在制作青贮饲料时，要使乳酸菌快速生长和繁殖，必须为乳酸菌创造良好的条件。有利于乳酸菌生长繁殖的条件是：青贮原料应具有

适当的含糖量、适宜的含水量及厌氧环境。

(1) 青贮原料应有适当的含糖量 乳酸菌要产生足够数量的乳酸，必须有足够数量的可溶性糖分。若原料中可溶性糖分很少，即使其他条件都具备，也不能制成优质青贮饲料。青贮原料中的蛋白质及碱性元素会中和一部分乳酸，只有当青贮原料中 pH 为 4.2 时，才可抑制微生物活动。因此乳酸菌形成乳酸，使 pH 达 4.2 时所需要的原料含糖量是十分重要的条件，通常把它叫作最低需要含糖量。原料中实际含糖量大于最低需要含糖量，即为正青贮糖差；相反，原料实际含糖量小于最低需要含糖量，即为负青贮糖差。凡是青贮原料为正青贮糖差就容易青贮，且正数越大越易青贮；凡是原料为负青贮糖差就难于青贮，且差值越大越不易青贮。

最低需要含糖量根据饲料的缓冲度计算，即：

饲料最低需要含糖量(%) = 饲料缓冲度 × 1.7

饲料缓冲度是中和每 100 克全干饲料中的碱性元素，并使 pH 降低到 4.2 时所需的乳酸克数。因青贮发酵消耗的葡萄糖只有 60% 变为乳酸，所以得到 100/60 = 1.7 的系数，即形成 1 克乳酸需葡萄糖 1.7 克。

例如，玉米每 100 克干物质需 2.91 克乳酸，才能克服其中碱性元素和蛋白质等的缓冲作用，使其 pH 降低到 4.2，因此 2.91% 是玉米的缓冲度，最低需要含糖量为 2.91% × 1.7 = 4.95%。玉米的实际含糖量是 26.80%，青贮糖差为 21.85%。

紫花苜蓿的缓冲度是 5.58%，最低需要含糖量为 5.58% × 1.7 = 9.49%，因紫花苜蓿中的实际含糖量只有 3.72%，所以青贮糖差为 - 5.77%。

豆科牧草青贮时，由于原料中含糖量低，乳酸菌不能正常大量繁殖，产乳酸量少，pH 不能降到 4.2 以下，会使腐败菌、酪酸菌等大量繁殖，导致青贮饲料腐败发臭，品质降低。因此要调制优良的青贮饲料，青贮原料中必须含有适当的糖量。一些青贮原料中干物质的含糖量见表 2-4。

表2-4　一些青贮原料中干物质的含糖量

易于青贮原料			不易青贮原料		
饲料	青贮后 pH	含糖量（%）	饲料	青贮后 pH	含糖量（%）
玉米植株	3.5	26.8	紫花苜蓿	6.0	3.72
高粱植株	4.2	20.6	草木樨	6.6	4.5
菊芋植株	4.1	19.1	箭舌豌豆	5.8	3.62
向日葵植株	3.9	10.9	马铃薯茎叶	5.4	8.53
胡萝卜茎叶	4.2	16.8	黄瓜蔓	5.5	6.76
饲用甘蓝	3.9	24.9	西瓜蔓	6.5	7.38
芜菁	3.8	15.3	南瓜蔓	7.8	7.03

一般说来，禾本科饲料作物和牧草含糖量高，容易青贮；豆科饲料作物和牧草含糖量低，不易青贮。易于青贮的原料有玉米、高粱、禾本科牧草、甘薯藤、菊芋、向日葵、芜菁、甘蓝等。不易青贮的原料有苜蓿、三叶草、草木樨、大豆、豌豆、紫云英、马铃薯茎叶等，只有与其他易于青贮的原料混贮或添加富含碳水化合物的饲料，或加酸，青贮才能成功。

（2）青贮原料应有适宜的含水量　青贮原料中含有适量水分，是保证乳酸菌正常活动的重要条件。水分含量过高或过低，均会影响青贮发酵过程和青贮饲料的品质。如果水分含量过低，青贮时难以踩紧压实，窖内留有较多空气，造成好气性菌大量繁殖，使饲料发霉腐败。水分过多时易压实结块，且细胞液中糖分过于稀释，不能满足乳酸菌发酵所要求的一定糖分浓度，反利于酪酸菌发酵，使青贮饲料变臭、品质变坏，同时植物细胞液汁被挤后流失，使养分损失。

乳酸菌繁殖活动，最适宜的含水量为65%～75%。豆科牧草的含水量以60%～70%为好。但青贮原料适宜含水量因质地不同而有差别，质地粗硬的原料含水量可达80%，而收割早、幼嫩多汁的原料则以60%较合适。判断青贮原料水分含量的简单办法是：将切碎的原料紧握手中，然后手自然松开，若仍保持球状，手有湿印，其水分含量在68%～75%之间；若草球慢慢膨胀，手上无湿印，其水分含量

在 60%～67% 之间，适于豆科牧草的青贮；若手松开后，草球立即膨胀，其水分含量在 60% 以下，只适于幼嫩牧草低水分青贮。

含水量过高或过低的青贮原料，青贮时应处理或调节。对于水分过多的饲料，青贮前应稍晾干凋萎，使其水分含量达到要求后再青贮。如果凋萎后还不能达到适宜含水量，应添加干料进行混合青贮。也可以将含水量高的原料和含水量低的原料按适当比例混合青贮，如玉米秸和甘薯藤、甘薯藤和花生秧、玉米秸和紫花苜蓿是比较好的组合，但青贮的混合比例以含水量高的原料占 1/3 为宜。

（3）创造厌氧环境　为了给乳酸菌创造良好的厌氧生长繁殖条件，必须做到原料切短，装实压紧，青贮窖密封良好。

青贮原料切短的目的是便于装填紧实，取用方便，肉牛便于采食，且减少浪费。同时，原料切短或粉碎后，青贮时易使植物细胞渗出液汁，湿润表面，糖分流出附在原料表层，有利于乳酸菌的繁殖。切短程度应视原料性质和畜禽需要来定，对肉牛来说，细茎植物如禾本科牧草、豆科牧草、草地青草、甘薯藤、幼嫩玉米苗等，切成 3～4 厘米长即可；对于粗茎植物或粗硬的植物如玉米、向日葵等，切成 2～3 厘米较为适宜。叶菜类和幼嫩植物，也可不切短直接青贮。

原料切短后青贮，易装填紧实，使窖内空气排出。否则，窖内空气过多，好气性菌大量繁殖，氧化作用强烈，温度升高（可达60℃），会使青贮饲料糖分分解，维生素破坏，蛋白质消化率降低。一般原料装填紧实的青贮，发酵温度在 30℃ 左右，最高不超过38℃。

青贮的装料过程越快越好，这样可以缩短原料在空气中暴露的时间，减少由于植物细胞呼吸作用造成的损失，也可避免好气性菌大量繁殖。窖装满压紧后立即覆盖，造成厌氧环境，促使乳酸菌快速繁殖和乳酸积累，保证青贮饲料的品质。

4. 青贮设备

青贮设备主要有青贮塔、青贮窖及塑料薄膜，见图 2-8。

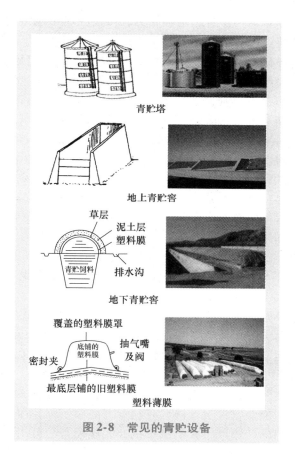

青贮塔

地上青贮窖

草层
泥土层
塑料膜
青贮饲料
排水沟

地下青贮窖

覆盖的塑料膜罩
底铺的
塑料膜
抽气嘴
及阀
密封夹
最底层铺的旧塑料膜

塑料薄膜

图 2-8　常见的青贮设备

👉【注意】

　　挖建青贮窖要选择土质坚硬、干燥向阳、地下水位较低、距肉牛舍较近的平坦地段；不透气，不漏水，密封性好。塑料薄膜青贮要选用 0.8~1.0 毫米厚的无毒塑料薄膜，颜色可用白色、外白内黑、棕色或蓝色等。

5. 青贮的步骤和方法

饲料青贮是一项突击性工作，事先要检修青贮窖、青贮切碎机或铡草机和运输车辆，并组织足够人力，以便在尽可能短的时间完成。青贮的操作要点，概括起来是"六随三要"，即随割、随运、随切、随装、随踩、随封，连续进行，一次完成；原料要切短、装填要踩实、窖顶要封严。

（1）**原料的适时刈割**　优良青贮原料是调制优良青贮饲料的物质基础。适期刈割，不但可以在单位面积上获得最大营养物质产量，而且水分和可溶性碳水化合物含量适当，有利于乳酸发酵，易于制成优质青贮饲料。一般刈割宁早勿迟，随刈随贮。

整株玉米青贮应在蜡熟期，即在干物质含量为25%～35%时刈割最好。其明显标记是，靠近籽粒尖的几层细胞变黑而形成黑层。检查方法是：在果穗中部剥下几粒，然后纵向切开或切下尖部寻找靠近尖部的黑层，如果黑层存在，就可刈割作整株玉米青贮。

收果穗后的玉米秸青贮，宜在玉米果穗成熟、玉米茎叶仅有下部1～2片叶枯黄时，立即刈割玉米秸青贮；或玉米成熟时削尖后青贮，但削尖时果穗上部要保留一片叶片。

豆科牧草宜在现蕾期至开花初期刈割，禾本科牧草在孕穗至抽穗期刈割，甘薯藤、马铃薯茎叶在收薯前1～2天或霜前刈割。原料刈割后应立即运至青贮地点切短青贮。刈割见彩图17和彩图18。

（2）**切短**　在装填前原料要用切碎机或铡刀切短，一般禾本科和豆科类牧草及叶菜类切为2～3厘米；白薯秧铡成5～10厘米。切短的植物组织能渗出大量汁液，有利于乳酸菌生长，加速青贮过程。少量青贮原料的切短可用人工铡草机，大规模青贮可用青贮切碎机。大型青贮原料切碎机每小时可切5～6吨，最高可切割8～12吨（彩图19）。小型切草机每小时可切250～800千克（图2-9）。若条件具备，使用青贮玉米联合收获机，在田内通过机器一次完成割、切作业，然后送回装入青贮窖内，可大大提高工作效率，见彩图20。

（3）**装填压实**（图2-10）　装窖前，先将窖或塔打扫干净，窖底部可填一层10～15厘米厚的切短的干秸秆或软草，以便吸收青贮液汁。若为土窖或四壁密封不好，可铺塑料薄膜。装填青贮原料时应逐层装入，每层装15～20厘米厚，然后踩实，再继续装填。装填时应特别注意四角与靠壁的地方，要达到弹力消失的程度。必须边装边踩实,一直装满并高出窖口 70 厘米左右。长方形窖或地面青贮时,可用拖拉机进行碾压,小型窖也可用人力踏实。青贮饲料紧实程度是青贮成败的关键之一,青贮紧实度适当,发酵完成后饲料下沉量不超过深度的 10%。大型青贮窖的装填和压实见彩图 21 和彩图 22。

图 2-9　切碎饲料

图 2-10　装填压实

（4）**密封**（图 2-11）　严密封窖,防止漏水漏气是调制优良青贮饲料的一个重要环节。青贮容器密封不好,进入空气或水分,有利于腐败菌、霉菌等繁殖,使青贮饲料变坏。填满窖后,先在上面盖一层切短的秸秆或软草（厚 20～30 厘米）,或铺塑料薄膜,然后再用土覆盖拍实,厚为 30～50 厘米,并做成馒头形,有利于排水。青贮窖密封后为防止雨水渗入窖内,距离四周约 1 米处应挖排水沟。以后经常检查,窖顶下沉有裂缝时,及时覆土压实,防止雨水渗入。

（5）**检查防护**　封土后的几天内,经常检查窖顶,饲料下沉使覆土出现裂缝,要及时覆盖新土填补。为防止雨水渗入,多雨地区宜在窖上搭棚防雨,见图 2-12。

图 2-11　青贮窖的密封

图 2-12　封严的窖顶（左图）和防雨棚（右图）

二、特殊青贮饲料的制作

1. 低水分青贮

低水分青贮又叫半干青贮，利用控制水分的方法，造成对微生物的生理干燥，使其处于抑制状态，从而使养分保存下来。制作流程及特点见图 2-13。

```
刈割的      风干   风干饲料(含水    切短压    厌氧发酵   半干青          有青干草和一般青贮饲料
青饲料    ──→   量为45%~50%)  ──→ 实封闭 ──→        ──→ 贮饲料 ──▷    的优点，含水量较少
                                                              
                                                              干物质含量比一般青贮饲
                                                              料多1倍，营养损失较少
                                                              
                                                              有果香味，不含丁酸，味
                                                              微酸或不酸，适口性好
```

图 2-13　制作流程及特点

2. 添加剂青贮

在青贮饲料中加入各种饲料添加剂可提高青贮成功率及其营养价

值。常用的青贮用添加剂有三类：

第一类为促进发酵的物质，如乳酸菌制剂、酶制剂、可溶性糖等；第二类为提高青贮营养物质含量的物质，如尿素等非蛋白氮，可提高蛋白质含量；第三类为防腐剂，如甲酸、硫酸、盐酸及盐类，可以抑制腐败菌等微生物生长。

3. 草捆青贮

将用捆草机打捆（彩图23）的青刈牧草，码垛堆放、压实，用塑料薄膜密封，或将草捆直接放入塑料袋中密封制作青贮饲料的方法称为草捆青贮（图2-14）。自走式裹膜机薄膜包裹青贮玉米见彩图24。

图2-14　草捆青贮

【注意】

草捆青贮不需要青贮窖，制作时选择地势较高、平坦的地方，铺一层破旧的塑料薄膜，再将一块完整的、稍大于青贮堆积面积的塑料薄膜铺好，然后将草捆紧实地堆码于塑料薄膜上，将垛顶与四周用一块完整的塑料薄膜盖严，四周与堆底铺的塑料薄膜重叠，用泥土压住重合的部分，防止空气进入。塑料薄膜的外面再用草帘等对塑料薄膜无损伤的物品覆盖，用以保护、防冻等。

三、青贮饲料的品质鉴定

青贮饲料品质的优劣与青贮原料种类、刈割时期及青贮技术等密切相关。正确青贮，一般经17～21天乳酸发酵，即可开窖取用。通过品质鉴定可以检查青贮技术是否正确，判断青贮饲料营养价值的高低。

1. 感官评定

开启青贮容器时，从青贮饲料的色泽、气味和质地等进行感官评

定，见表2-5。

表2-5　青贮饲料的品质评定

等级	颜色	气味	质地
优良	绿色或黄绿色	芳香酒酸味	茎叶明显，结构良好
中等	黄褐色或暗绿色	有刺鼻酸味	茎叶部分保持原状
低劣	黑色	腐臭味或霉味	腐烂，污泥状

2. 化学分析鉴定

化学分析鉴定指标包括pH、氨态氮与总氮的比值和有机酸（乙酸、丙酸、丁酸、乳酸的总量和构成）含量，可以判断发酵情况。

（1）**pH（酸碱度）**　pH是衡量青贮饲料品质好坏的重要指标之一。实验室中可用精密雷磁酸度计测定pH，生产现场可用精密石蕊试纸测定。优良青贮饲料pH在4.2以下，超过4.2（低水分青贮除外）说明青贮发酵过程中，腐败菌、酪酸菌等活动较为强烈。劣质青贮饲料pH在5.5~6.0之间，中等青贮饲料的pH介于优良与劣等之间。

（2）**氨态氮与总氮的比值**　氨态氮与总氮的比值反映了青贮饲料中蛋白质及氨基酸分解的程度，比值越大，说明蛋白质分解越多，青贮质量不佳。

（3）**有机酸含量**　有机酸总量及其构成可以反映青贮发酵过程的好坏，其中最重要的是乳酸、乙酸和丁酸，乳酸所占比例越大越好。优良的青贮饲料，含有较多的乳酸和少量乙酸，而不含丁酸。品质差的青贮饲料，含丁酸多而乳酸少。不同等级青贮饲料中各种酸含量见表2-6。

表2-6　不同等级青贮饲料中各种酸含量

等级	pH	乳酸（%）	乙酸（%）		丁酸（%）	
			游离	结合	游离	结合
良好	4.0~4.2	1.2~1.5	0.7~0.8	0.1~0.15		
中等	4.6~4.8	0.5~0.6	0.4~0.5	0.2~0.3		0.1~0.2
低劣	5.5~6.0	0.1~0.2	0.1~0.15	0.05~0.1	0.2~0.3	0.8~1.0

四、青贮饲料的利用

1. 取用方法

青贮过程进入稳定阶段，一般糖分含量较高的玉米秸秆等经过1个月即可发酵成熟，开窖取用，或待冬春季节饲喂肉牛。

开窖取用时，如果发现表层呈黑褐色并有腐败臭味，应把表层弃掉。对于直径较小的圆形窖，应由上到下逐层取用，保持表面平整。对于长方形窖，自一端开始分段取用，不要挖窝掏取，取后最好覆盖，以尽量减少与空气的接触面积。每次用多少取多少，不能一次取大量青贮饲料堆放在肉牛舍慢慢饲用，要用新鲜青贮饲料。青贮饲料只有在厌氧条件下，才能保持良好品质，如果堆放在肉牛舍里和空气接触，就会很快感染霉菌和杂菌，使青贮饲料迅速变质。尤其是夏季，正是各种细菌繁殖最旺盛的时候，青贮饲料也最易霉坏。

2. 饲喂技术

青贮饲料可以作为肉牛的主要粗饲料，一般占饲料干物质的50%以下。刚开始喂时肉牛不喜食，喂量应由少到多，逐渐适应后即可习惯采食。喂青贮饲料后，仍需喂精料补充料和青干草。训练方法是，先空腹饲喂青贮饲料，再饲喂其他草料；先将青贮饲料拌入精料补充料一起饲喂，再喂其他草料；先少喂后逐渐增加；或将青贮饲料与其他饲料拌在一起饲喂。由于青贮饲料含有大量有机酸，具有轻泻作用，因此母牛妊娠后期不宜多喂，产前15天停喂。劣质的青贮饲料对肉牛健康有害，易造成流产，不能饲喂。冰冻的青贮饲料也易引起母牛流产，应待冰融化后再喂。育肥牛每100千克体重喂青贮饲料4~5千克/天。

第四节 树叶饲料的加工调制方法

一、水泡法

将较嫩的树叶采摘下来后，先用水洗净，放入缸内或水泥池内，用 80~100℃的水烫一下，然后放入清水浸泡 2~4 小时，清水用量一般超出料面即可，对杏树叶、桃树叶、柳树叶和桑树叶进行浸泡时要多换几次清水，使其脱去苦味。

二、干燥法

将采摘的树叶晒干或烘干，经过粉碎后便可直接混入饲料中饲喂，如刺槐叶、桑树叶、杨树叶和一些果树叶等。

三、盐渍法

将树叶洗净、切碎，倒入缸内或水泥池中，按 5% 的用量取食盐，按一层树叶一层食盐分层压实，进行盐渍。盐渍后，树叶不易腐烂，有鲜香味，适口性好。

四、青贮法

先将树叶洗净、切碎、沥干水，然后再一层层地装入青贮容器内，若树叶内含水量过多，可加入树叶量 10% 的谷糠进行混合青贮；含水量少时，可进行人工喷水调节。

五、发酵法

先将采摘下来的树叶或收集的秋季自然落叶晒干，加工粉碎成树叶粉。取适量清水加入树叶粉，再加入米糠、麦麸或酒糟等，进行充分搅拌，其湿度以手握成团，手缝见水珠为宜，然后装入发酵缸或池内，随装随即踏实，装满后以覆盖物将缸（池）口覆盖保温，温度保持在 30~50℃为宜，经发酵 48 小时后即可取用。

第五节 谷实类饲料的加工调制方法

谷实类饲料比较坚实，除有种皮外，大麦、燕麦、稻谷还包被一层硬壳，因此要进行加工处理，以利于肉牛消化吸收。

一、粉碎

这是常用的加工方法，粉碎后增加了饲料的表面积，因此导致微生物和酶的活动增加。但喂肉牛的谷物不宜太碎，否则容易糊口或呛入肉牛的气管，在胃肠内易形成黏性团状物，不利于消化。细度以直径 1~2 毫米为宜。

二、压扁

玉米、高粱、大麦等压扁更适合喂肉牛。将 100 千克谷物加水 16 千克，用蒸汽加热至 120℃（或蒸煮），用压片机辊轴压扁。试验表明，在粗饲料完全相同的情况下，喂压扁玉米的肉牛日增重明显高于喂碎玉米的肉牛。

三、浸泡

此种方法适用于极硬和极脆的谷物，这种谷物用水浸泡后能够软化其蜡质外壳和胚乳。将谷物饲料放在缸内，每 100 千克饲料用水 150 千克，浸泡 12~24 小时后，可使饲料容易消化。然而，不对浸泡的饲料进行粉碎或深加工而连续饲喂，将不会增加饲料值或动物性能。往非常干的谷物中加水效果并不明显，因此，对干饲料进行浸泡优势很小。

四、焙炒和烘烤

焙炒和烘烤能使饲料中的淀粉转化为糊精而产生香味，增加适口性，并能提升瘤胃发酵而提高淀粉的消化率。焙炒温度为 150℃，时间宜短，勿炒焦煳。

五、爆花

这种加工方法是把干燥的谷物（主要是高粱、玉米和小麦）放入一个大的机器，加热谷物到非常高的温度（371~426℃）15~30 秒。高温导致谷物内的水分蒸发，使谷物胶化，扩张了淀粉的微粒。爆花的谷物很容易吹送至滚筒碾压机。爆花机可使 40%~50% 的干燥谷物爆花，未爆花的谷物通过滚筒碾压机时被磨碎。磨碎后的谷物饲料具有与爆开的饲料相同的营养价值。

六、发芽

谷物经发芽后，主要作为维生素饲料用于冬季或没有新鲜的粗饲料时饲喂肉牛。发芽饲料富含许多维生素和矿物质，但能量值很低。

发芽饲料适宜喂成年种公牛，每头每天喂 100～150 克。妊娠母牛临床前不宜多喂，以防流产。是否对谷物进行发芽处理，应通过比较饲料的发芽费用和发芽饲料的饲养价值来决定。

七、糖化处理

糖化处理即利用谷实的淀粉酶，把部分淀粉转化为麦芽糖以提高适口性。方法是在磨碎的籽实中加 2.5 倍热水，搅匀，置于 55～60℃温度下，让酶发生作用。4 小时后，饲料含糖量可增加 8%～12%。如果在每 100 千克籽实中加入 2 千克麦芽，糖化作用更快。糖化饲料喂育肥牛，可提高其采食量，促进其育肥。

第六节　饼粕类饲料的加工调制方法

一、大豆饼（粕）

大豆饼（粕）中含有抗胰蛋白酶、尿素酶、血球凝集素、皂角苷、甲状腺肿诱发因子、抗凝固因子、胀气因子等抗营养因子，这些物质大都不耐热。大豆饼（粕）的加工处理方法有：一是将大豆饼（粕）在 120℃热压 15 分钟或 105℃蒸 30 分钟，即可去除这些有害物质，但加热的时间和温度必须适当控制，加热过度或加热不足都可降低大豆饼（粕）的营养价值，其中加热过度可使大豆饼（粕）变性，降低赖氨酸和精氨酸的活性，同时还会使胱氨酸遭到破坏；二是向大豆饼（粕）中加入由 β-葡聚糖酶、果胶酶、阿拉伯木聚糖酶、甘露聚糖酶和纤维素酶组成的复合酶，既可降解大多数抗营养因子，又可提高大豆饼（粕）的营养价值。

二、菜籽饼（粕）

菜籽饼（粕）中的主要有毒物质是硫代葡萄糖甙的降解产物、芥子碱、植酸、单宁等。硫代葡萄糖甙能溶于水、乙醇、甲醇和丙酮，它本身无毒性，但在有水存在的条件下，硫代葡萄糖甙遇到芥子酶时，就会发生水解反应，生成异硫氰酸酯、噁唑烷硫酮、氰等有毒物质。

　　菜籽饼（粕）的脱毒机制大致分为以下两类：一类是使菜籽饼（粕）中的毒害成分发生钝化、破坏或结合等作用，从而消除或减轻其危害；另一类是将有害物质从菜籽饼（粕）中提取出来，达到去毒目的。菜籽饼（粕）的脱毒方法见表2-7。

表2-7　菜籽饼（粕）的脱毒方法

方　　法	操　　作
水浸煮消毒法	将菜籽饼（粕）粉碎，用热水浸泡12～24小时，然后滤出其中的水分，再加水煮沸，用100～110℃的温度处理1～2小时，边煮边搅拌，使芥子酶失去活性，并让具有挥发性的异硫氰酸酯及氰类物质随蒸汽蒸发，加热时间不宜过久，以防降低蛋白质的饲用价值；用冷水或温水（40℃左右）浸泡2～4天，每天换水1次，这样也可除去部分芥子苷，但此法养分流失很大
氨水或碱处理法	每100份菜籽饼用浓氨水（含氨28%）5份或用纯碱（硫酸钠）粉3.5份，用适量清水稀释后，均匀喷洒在粉碎的菜籽饼（粕）上，先用塑料薄膜覆盖，堆放3～5小时，然后再置于蒸笼中蒸40～50分钟
坑埋脱毒法	选择地势高而干燥的地方，挖容积约1米³的土坑〔或根据菜籽饼（粕）数量定坑的大小〕，埋前将菜籽饼（粕）打碎，按1∶1的比例均匀拌水，坑底垫一层席子，装满后用席子盖好，覆上约0.5米厚的土，压实，埋2个月后，菜籽饼（粕）中大部分有毒物质可以脱毒
酶催化水解法	酶催化水解法的具体方法有两种：一种是利用外加黑芥子酶及酶的激活剂（如维生素C等），使硫甙加速分解，然后通过汽提或溶剂浸出以达到脱毒的目的；另一种方法称为自动酶解法，其基本原理是利用菜籽中的硫甙酶分解硫甙，由于酶解产物——异硫氰酸酯、噁唑烷硫酮、氰等都是脂溶性的，可在油脂浸出工序中提取出来，在油脂的后续加工过程中除去，具体方法是将未经任何处理的菜籽碾磨得很细后加水调至一定水分含量，在45℃下密闭贮藏一定时间，干燥后用己烷或丙酮提取油脂，获得的菜籽饼就是脱毒菜籽饼

（续）

方 法	操 作
微生物脱毒法	微生物脱毒法是利用接种微生物本身分泌的芥子酶和有关酶系，将硫甙分解并利用。用多菌种（如酵母菌、霉菌、乳酸菌等）混合制成的发酵剂进行发酵脱毒效果最好。处理过的菜籽饼（粕）可直接拌料饲喂肉牛，也可将其晒干或炒干后贮存备用。菜籽饼（粕）虽然进行了脱毒处理，但是还要严格控制喂量，以不超过日粮的 10% 为宜

三、棉籽饼（粕）

棉籽饼（粕）中的抗营养因子主要为棉酚、环丙烯脂肪酸、单宁和植酸。尤其游离棉酚，易引起肉牛中毒。棉籽饼（粕）的脱毒方法见表 2-8。

表 2-8 棉籽饼（粕）的脱毒方法

方 法	操 作
硫酸亚铁水溶液浸泡法	成本低、效果好、操作简便。亚铁离子可与棉籽饼（粕）中游离棉酚形成络合物，使棉酚中的醛基和羟基失去活性，达到脱毒目的。此棉酚与铁的络合物不能被吸收，最终将排出体外，不会对肉牛产生不良的影响。硫酸亚铁用量因机榨或土榨棉籽而不同。机榨的棉籽饼（粕）每 100 千克应使用硫酸亚铁 200～400 克，土榨的棉籽饼（粕）每 100 千克应使用硫酸亚铁 1000～2000 克。先将硫酸亚铁用水溶解制成 1% 硫酸亚铁液备用。视棉籽饼（粕）数量取适量 1% 硫酸亚铁液浸泡已粉碎过的棉籽饼（粕）1 昼夜（中间搅拌几次），用清水冲洗后即可饲用，去毒效果达 75%～95%。如果在榨油厂去毒，可把硫酸亚铁配成水溶液直接喷洒在榨完油的棉籽饼（粕）上，喷洒均匀，不能洒得太湿，否则不利于保存。也可按上述比例，把硫酸亚铁干粉直接与棉籽饼（粕）或饲料混合，力求均匀
水煮沸法	将粉碎的棉籽饼（粕），加适量的水煮沸搅拌，保持沸腾 0.5 小时，冷却后即可饲用，去毒效果可达 75%。如果同时拌入 10%～15% 麸皮、面粉，效果更好

（续）

方　法	操　作
膨化脱毒法	膨化脱毒和膨化制油通常同时进行，将脱了壳的棉籽调整水分后（7%～12%）放入膨化机中，设置好出料口的温度（85～110℃）进行挤压膨化。在高温、高压和水分的作用下，使游离棉酚失去活性
有机溶剂浸提法	溶剂浸提法去毒，主要有单一溶剂浸提法、混合溶剂浸提法等。当有水分，特别是热处理时，色素腺体容易破裂而释放出棉酚。利用这一特点，用丙酮、己烷和水三元溶剂对棉籽饼（粕）进行提油和脱酚，在保证饼（粕）中残油率低的前提下，使饼（粕）中残留的总棉酚和游离棉酚达到规定的指标
碱处理法	这种方法的工艺原理是：棉酚是一种酚，具有一定的酸性，利用碱与其中和生成盐可降解其毒性。任选质量比例为2%～3%生石灰水溶液、1%氢氧化钠溶液或2.5%碳酸氢钠溶液中的一种，将棉籽饼（粕）送进具有蒸汽夹层的搅拌器中，均匀喷洒碱液，使pH达10.5左右。搅拌器的夹层中通入蒸汽加热，使温度保持为75～85℃，持续加热10～30分钟，然后滤出其中水分，并用清水冲洗掉碱水，冷却后即可饲用。如需贮存，可烘干使水分降至7%以下。还可将粉碎的棉籽饼（粕）在碱液中浸泡24小时，然后滤出其中的水分，再用清水冲洗4～5遍后即可饲用，也可达到去毒目的
微生物脱毒法	棉籽饼（粕）的微生物脱毒，是利用微生物在发酵过程中对棉酚的转化降解作用，从而达到脱毒的目的。微生物固体发酵多采用单一菌种或复合纯菌种 筛选出对棉酚有较高脱毒能力的微生物（如酵母菌、霉菌等），优化其发酵参数（包括水分、温度、时间、pH等），然后对棉籽饼（粕）进行发酵处理

四、花生仁饼（粕）

花生仁饼（粕）本身并无毒素，但储藏不当极易发霉产生黄曲霉毒素。此时，就一定要经过脱毒处理方可饲喂肉牛。常用方法：第一种是将污染的花生仁饼（粕）粉碎后置于缸内，加5～8倍清水搅

拌，静置，待沉淀后再换水多次，直至浸泡的水呈无色为宜，此法只适用于轻度霉败的饲料；第二种是使用饱和的石灰水溶液浸泡被污染的花生仁饼（粕）10～30 分钟，然后滤出其中的水分，并用清水冲洗干净，连续 3 次；第三种是将发霉的花生仁饼（粕）在 150℃ 的高温下烘焙 30 分钟或用阳光照射 14 小时，均可去掉 80%～90% 的黄曲霉毒素；第四种是将发霉的花生仁饼（粕）密封在熏罐或塑料薄膜袋中，使水分含量达 18% 以上，通过氨气熏蒸 10 小时，可使黄曲霉毒素含量减少 90%～95%。

五、亚麻仁饼（粕）

亚麻仁饼（粕）含有氰苷，氰苷进入机体后，在酶的作用下水解产生氢氰酸，会引起肉牛中毒。亚麻仁饼（粕）用作饲料时，应进行脱毒处理。

亚麻仁饼（粕）脱毒的原理是：利用加热可使氰苷与其对应酶发生反应，释放氢氰酸，由于其可溶于水，从而使其脱毒。

具体方法是：将亚麻仁饼（粕）粉碎后，加入 4～5 倍温水，浸泡 8～12 小时后沥去水，再加适量清水煮沸 1 小时，在煮时不断搅拌，敞开锅盖，同时加入食醋，使氢氰酸尽量挥发。

第三章
肉牛的饲养标准及饲料配方设计方法

第一节　肉牛的饲养标准

　　饲养标准是根据大量饲养实验结果和动物生产实践的经验总结，对特定动物需要各种营养物质的定额所做的规定，这种系统的营养定额及有关资料称为饲养标准。简言之，即特定动物系统成套的营养定额就是饲养标准，简称"标准"。现行饲养标准则更为确切和系统地表述了经实验研究确定的特定动物（不同种类、性别、年龄、体重、生理状态、生产性能和不同环境条件等）能量和各种营养物质的定额数值。我国《肉牛饲养标准》（NY/T 815—2004）见表 3-1 ~ 表 3-7。

表 3-1　生长肥育牛的每天营养需要量

活体重/千克	平均日增重/千克	干物质采食量/千克	维持净能/兆焦	生产净能/兆焦	肉牛能量单位（个）	综合净能/兆焦	粗蛋白质/克	钙/克	磷/克
150	0	2.66	13.80	0.00	1.46	11.76	236	5	5
	0.3	3.29	13.80	1.24	1.87	15.10	377	14	8
	0.4	3.49	13.80	1.71	1.97	15.90	421	17	9
	0.5	3.70	13.80	2.22	2.07	16.74	465	19	10
	0.6	3.91	13.80	2.76	2.19	17.66	507	22	11
	0.7	4.12	13.80	3.34	2.30	18.58	548	25	12
	0.8	4.33	13.80	3.97	2.45	19.75	589	28	13
	0.9	4.54	13.80	4.64	2.61	21.05	627	31	14
	1.0	4.75	13.80	5.38	2.80	22.64	665	34	15
	1.1	4.95	13.80	6.18	3.02	20.35	704	37	16
	1.2	5.16	13.80	7.06	3.25	26.28	739	40	16

（续）

活体重/千克	平均日增重/千克	干物质采食量/千克	维持净能/兆焦	生产净能/兆焦	肉牛能量单位（个）	综合净能/兆焦	粗蛋白质/克	钙/克	磷/克
	0	2.98	15.49	0.00	1.63	13.18	265	6	6
	0.3	3.63	15.49	1.45	2.09	16.90	403	14	9
	0.4	3.85	15.49	2.00	2.20	17.78	447	17	9
	0.5	4.07	15.49	2.59	2.32	18.70	489	20	10
	0.6	4.29	15.49	3.22	2.44	19.71	530	23	11
175	0.7	4.51	15.49	3.89	2.57	20.75	571	26	12
	0.8	4.72	15.49	4.63	2.79	22.05	609	28	13
	0.9	4.94	15.49	5.42	2.91	23.47	650	31	14
	1.0	5.16	15.49	6.28	3.12	25.23	686	34	15
	1.1	5.38	15.49	7.22	3.37	27.20	724	37	16
	1.2	5.59	15.49	8.24	3.63	29.29	759	40	17
	0	3.30	17.12	0.00	1.8	14.56	293	7	7
	0.3	3.98	17.12	1.66	2.32	18.70	428	15	9
	0.4	4.21	17.12	2.28	2.43	19.62	472	17	10
	0.5	4.44	17.12	2.95	2.56	20.67	514	20	11
	0.6	4.66	17.12	3.67	2.69	21.76	555	23	12
200	0.7	4.89	17.12	4.45	2.83	22.47	593	26	13
	0.8	5.12	17.12	5.29	3.01	24.31	631	29	14
	0.9	5.34	17.12	6.19	3.21	25.90	669	31	15
	1.0	5.57	17.12	7.17	3.45	27.82	708	34	16
	1.1	5.80	17.12	8.25	3.71	29.96	743	37	17
	1.2	6.03	17.12	9.42	4.00	32.30	778	40	17

（续）

活体重/千克	平均日增重/千克	干物质采食量/千克	维持净能/兆焦	生产净能/兆焦	肉牛能量单位（个）	综合净能/兆焦	粗蛋白质/克	钙/克	磷/克
	0	3.60	18.71	0.00	1.87	15.10	320	7	7
	0.3	4.31	18.71	1.86	2.56	20.71	452	15	10
	0.4	4.55	18.71	2.57	2.69	21.76	494	18	11
	0.5	4.78	18.71	3.32	2.83	22.89	535	20	12
	0.6	5.02	18.71	4.13	2.98	24.10	576	23	13
225	0.7	5.26	18.71	5.01	3.14	25.36	614	26	14
	0.8	5.49	18.71	5.95	3.33	26.90	652	29	14
	0.9	5.73	18.71	6.97	3.55	28.66	691	31	15
	1.0	5.96	18.71	8.07	3.81	30.79	726	34	16
	1.1	6.20	18.71	9.28	4.10	33.10	761	37	17
	1.2	6.44	18.71	10.59	4.42	35.69	796	39	18
	0	3.90	20.24	0.00	2.20	17.78	346	8	8
	0.3	4.64	20.24	2.07	2.81	22.72	475	16	11
	0.4	4.88	20.24	2.85	2.95	23.85	517	18	12
	0.5	5.13	20.24	3.69	3.11	25.10	558	21	12
	0.6	5.37	20.24	4.59	3.27	26.44	599	23	13
250	0.7	5.62	20.24	5.56	3.45	27.82	637	26	14
	0.8	5.87	20.24	6.61	3.65	29.50	672	29	15
	0.9	6.11	20.24	7.74	3.89	31.38	711	31	16
	1.0	6.36	20.24	8.97	4.18	33.72	746	34	17
	1.1	6.60	20.24	10.31	4.49	36.28	781	36	18
	1.2	6.85	20.24	11.77	4.84	39.06	814	39	18

（续）

活体重/千克	平均日增重/千克	干物质采食量/千克	维持净能/兆焦	生产净能/兆焦	肉牛能量单位（个）	综合净能/兆焦	粗蛋白质/克	钙/克	磷/克
	0	4.19	21.74	0.00	2.40	19.37	372	9	9
	0.3	4.96	21.74	2.28	3.07	24.77	501	16	12
	0.4	5.21	21.74	3.14	3.22	25.98	543	19	12
	0.5	5.47	21.74	4.06	3.39	27.36	581	21	13
	0.6	5.72	21.74	5.05	3.57	28.79	619	24	14
275	0.7	5.98	21.74	6.12	3.75	30.29	657	26	15
	0.8	6.23	21.74	7.27	3.98	32.13	696	29	16
	0.9	6.49	21.74	8.51	4.23	34.18	731	31	16
	1.0	6.74	21.74	9.86	4.55	36.74	766	34	17
	1.1	7.00	21.74	11.34	4.89	39.50	798	36	18
	1.2	7.25	21.74	12.95	5.60	42.51	834	39	19
	0	4.46	23.21	0.00	2.60	21.00	397	10	10
	0.3	5.26	23.21	2.48	3.32	26.78	523	17	12
	0.4	5.53	23.21	3.42	3.48	28.12	565	19	13
	0.5	5.79	23.21	4.43	3.66	29.58	603	21	14
	0.6	6.06	23.21	5.51	3.86	31.13	641	24	15
300	0.7	6.32	23.21	6.67	4.06	32.76	679	26	15
	0.8	6.58	23.21	7.93	4.31	34.77	715	29	16
	0.9	6.85	23.21	9.29	4.58	36.99	750	31	17
	1.0	7.11	23.21	10.76	4.92	39.71	785	34	18
	1.1	7.38	23.21	12.37	5.29	42.68	818	36	19
	1.2	7.64	23.21	14.21	5.69	45.98	850	38	19

（续）

活体重/千克	平均日增重/千克	干物质采食量/千克	维持净能/兆焦	生产净能/兆焦	肉牛能量单位（个）	综合净能/兆焦	粗蛋白质/克	钙/克	磷/克
	0	4.75	24.65	0.00	2.78	22.43	421	11	11
	0.3	5.57	24.65	2.69	3.54	28.58	547	17	13
	0.4	5.84	24.65	3.71	3.72	30.04	586	19	14
	0.5	6.12	24.65	4.80	3.91	31.59	624	22	14
	0.6	6.39	24.65	5.97	4.12	33.26	662	24	15
325	0.7	6.66	24.65	7.23	4.36	35.02	700	26	16
	0.8	6.94	24.65	8.59	4.60	37.15	736	29	17
	0.9	7.21	24.65	10.06	4.90	39.54	771	31	18
	1.0	7.49	24.65	11.66	5.25	42.43	803	33	18
	1.1	7.76	24.65	13.40	5.65	45.61	839	36	19
	1.2	8.03	24.65	15.30	6.08	49.12	868	38	20
	0	5.02	26.06	0.00	2.95	23.85	445	12	12
	0.3	5.87	26.06	2.90	3.76	30.38	569	18	14
	0.4	6.15	26.06	3.99	3.95	31.92	607	20	14
	0.5	6.43	26.06	5.17	4.16	33.60	645	22	15
	0.6	6.72	26.06	6.43	4.38	35.40	683	24	16
350	0.7	7.00	26.06	7.79	4.61	37.24	719	27	17
	0.8	7.28	26.06	9.25	4.89	39.50	757	29	17
	0.9	7.57	26.06	10.83	5.21	42.05	789	31	18
	1.0	7.85	26.06	12.55	5.59	45.15	824	33	19
	1.1	8.13	26.06	14.43	6.01	48.53	857	36	20
	1.2	8.41	26.06	16.48	6.47	52.26	889	38	20

（续）

活体重/千克	平均日增重/千克	干物质采食量/千克	维持净能/兆焦	生产净能/兆焦	肉牛能量单位（个）	综合净能/兆焦	粗蛋白质/克	钙/克	磷/克
375	0	5.28	27.44	0.00	3.13	25.27	469	12	12
	0.3	6.16	27.44	3.10	3.99	32.22	593	18	14
	0.4	6.45	27.44	4.28	4.19	33.85	631	20	15
	0.5	6.74	27.44	5.54	4.41	35.61	669	22	16
	0.6	7.03	27.44	6.89	4.65	37.53	704	25	17
	0.7	7.32	27.44	8.34	4.89	39.50	743	27	17
	0.8	7.62	27.44	9.91	5.19	41.88	778	29	18
	0.9	7.91	27.44	11.61	5.52	44.60	810	31	19
	1.0	8.20	27.44	13.45	5.93	47.87	845	33	19
	1.1	8.49	27.44	15.46	6.26	50.54	878	35	20
	1.2	8.79	27.44	17.65	6.75	54.48	907	38	20
400	0	5.55	28.80	0.00	3.31	26.74	492	13	13
	0.3	6.45	28.80	3.31	4.22	34.06	613	19	15
	0.4	6.76	28.80	4.56	4.43	35.77	651	21	16
	0.5	7.06	28.80	5.91	4.66	37.66	689	23	17
	0.6	7.36	28.80	7.35	4.91	39.66	727	25	17
	0.7	7.66	28.80	8.90	5.17	41.76	763	27	18
	0.8	7.96	28.80	10.57	5.49	44.31	798	29	19
	0.9	8.26	28.80	12.38	5.64	47.15	830	31	19
	1.0	8.56	28.80	14.35	6.27	50.63	866	33	20
	1.1	8.87	28.80	16.49	6.74	54.43	895	35	21
	1.2	9.17	28.80	18.83	7.26	58.66	927	37	21

（续）

活体重/千克	平均日增重/千克	干物质采食量/千克	维持净能/兆焦	生产净能/兆焦	肉牛能量单位（个）	综合净能/兆焦	粗蛋白质/克	钙/克	磷/克
	0	5.80	30.14	0.00	3.48	28.08	515	14	14
	0.3	6.73	30.14	3.52	4.43	35.77	636	19	16
	0.4	7.04	30.14	4.85	4.65	37.57	674	21	17
	0.5	7.35	30.14	6.28	4.90	39.54	712	23	17
	0.6	7.66	30.14	7.81	5.16	41.67	747	25	18
425	0.7	7.97	30.14	9.45	5.44	43.89	783	27	18
	0.8	8.29	30.14	11.23	5.77	46.57	818	29	19
	0.9	8.60	30.14	13.15	6.14	49.58	850	31	20
	1.0	8.91	30.14	15.24	6.59	53.22	886	33	20
	1.1	9.22	30.14	17.52	7.09	57.24	918	35	21
	1.2	9.53	30.14	20.01	7.64	61.67	947	37	22
	0	6.06	31.46	0.00	3.63	29.33	538	15	15
	0.3	7.02	31.46	3.72	4.63	37.41	659	20	17
	0.4	7.34	31.46	5.14	4.87	39.33	697	21	17
	0.5	7.66	31.46	6.65	5.12	41.38	732	23	18
	0.6	7.98	31.46	8.27	5.40	43.60	770	25	19
450	0.7	8.30	31.46	10.01	5.69	45.94	806	27	19
	0.8	8.62	31.46	11.89	6.03	48.74	841	29	20
	0.9	8.94	31.46	13.93	6.43	51.92	873	31	20
	1.0	9.26	31.46	16.14	6.90	55.77	906	33	21
	1.1	9.58	31.46	18.55	7.42	59.96	938	35	22
	1.2	9.90	31.46	21.18	8.00	64.60	967	37	22
	0	6.31	32.76	0.00	3.79	30.63	560	16	16
	0.3	7.30	32.76	3.93	4.84	39.08	681	20	17
	0.4	7.63	32.76	5.42	5.09	41.09	719	22	18
	0.5	7.96	32.76	7.01	5.35	43.26	754	24	19
475	0.6	8.29	32.76	8.73	5.64	45.61	789	25	19
	0.7	8.61	32.76	10.57	5.94	48.03	825	27	20
	0.8	8.94	32.76	12.55	6.31	51.00	860	29	20
	0.9	9.27	32.76	14.70	6.72	54.31	892	31	21
	1.0	9.60	32.76	17.04	7.22	58.32	928	33	21
	1.1	9.93	32.76	19.58	7.77	62.76	957	35	22
	1.2	10.26	32.76	22.36	8.37	67.61	989	36	23

（续）

活体重/千克	平均日增重/千克	干物质采食量/千克	维持净能/兆焦	生产净能/兆焦	肉牛能量单位（个）	综合净能/兆焦	粗蛋白质/克	钙/克	磷/克
500	0	6.56	34.05	0.00	3.95	31.92	582	16	16
	0.3	7.58	34.05	4.14	5.04	40.71	700	21	18
	0.4	7.91	34.05	5.71	5.30	42.84	738	22	19
	0.5	8.25	34.05	7.38	5.58	45.10	776	24	19
	0.6	8.59	34.05	9.18	5.88	47.53	811	26	20
	0.7	8.93	34.05	11.12	6.20	50.08	847	27	20
	0.8	9.27	34.05	13.21	6.58	53.18	882	29	21
	0.9	9.61	34.05	15.48	7.01	56.65	912	31	21
	1.0	9.94	34.05	17.93	7.53	60.88	947	33	22
	1.1	10.28	34.05	20.61	8.10	65.48	979	34	23
	1.2	10.62	34.05	23.54	8.73	70.54	1011	36	23

表 3-2　生长母牛的每天营养需要量

活体重/千克	平均日增重/千克	干物质采食量/千克	维持净能/兆焦	生产净能/兆焦	肉牛能量单位（个）	综合净能/兆焦	粗蛋白质/克	钙/克	磷/克
150	0	2.66	13.80	0.00	1.46	11.76	236	5	5
	0.3	3.29	13.80	1.37	1.90	15.31	377	13	8
	0.4	3.49	13.80	1.88	2.00	16.15	421	16	9
	0.5	3.70	13.80	2.44	2.11	17.07	465	19	10
	0.6	3.91	13.80	3.03	2.24	18.07	507	22	11
	0.7	4.12	13.80	3.67	2.36	19.08	548	25	11
	0.8	4.33	13.80	4.36	2.52	20.33	589	28	12
	0.9	4.54	13.80	5.11	2.69	21.76	627	31	13
	1.0	4.75	13.80	5.92	2.91	23.47	665	34	14

（续）

活体重/千克	平均日增重/千克	干物质采食量/千克	维持净能/兆焦	生产净能/兆焦	肉牛能量单位（个）	综合净能/兆焦	粗蛋白质/克	钙/克	磷/克
	0	2.98	15.49	0.00	1.63	13.18	265	6	6
	0.3	3.63	15.49	1.59	2.12	17.15	403	14	8
	0.4	3.85	15.49	2.20	2.24	18.07	447	17	9
	0.5	4.07	15.49	2.84	2.37	19.12	489	19	10
175	0.6	4.29	15.49	3.54	2.50	20.21	530	22	11
	0.7	4.51	15.49	4.28	2.64	21.34	571	25	12
	0.8	4.72	15.49	5.09	2.81	22.72	609	28	13
	0.9	4.94	15.49	5.96	3.01	24.31	650	30	14
	1.0	5.16	15.49	6.91	3.24	26.19	686	33	15
	0	3.30	17.12	0.00	1.80	14.56	293	7	7
	0.3	3.98	17.12	1.82	2.34	18.92	428	14	9
	0.4	4.21	17.12	2.51	2.47	19.46	472	17	10
	0.5	4.44	17.12	3.25	2.61	21.09	514	19	11
200	0.6	4.66	17.12	4.04	2.76	22.30	555	22	12
	0.7	4.89	17.12	4.89	2.92	23.43	593	25	13
	0.8	5.12	17.12	5.82	3.10	25.06	631	28	14
	0.9	5.34	17.12	6.81	3.32	26.78	669	30	14
	1.0	5.57	17.12	7.89	3.58	28.87	708	33	15
	0	3.60	18.71	0.00	1.87	15.10	320	7	7
	0.3	4.31	18.71	2.05	2.60	20.71	452	15	10
	0.4	4.55	18.71	2.82	2.74	21.76	494	17	11
	0.5	4.78	18.71	3.66	2.89	22.89	535	20	12
225	0.6	5.02	18.71	4.55	3.06	24.10	576	23	12
	0.7	5.26	18.71	5.51	3.22	25.36	614	25	13
	0.8	5.49	18.71	6.54	3.44	26.90	652	28	14
	0.9	5.73	18.71	7.66	3.67	29.62	691	30	15
	1.0	5.96	18.71	8.88	3.95	31.92	726	33	16

（续）

活体重/千克	平均日增重/千克	干物质采食量/千克	维持净能/兆焦	生产净能/兆焦	肉牛能量单位（个）	综合净能/兆焦	粗蛋白质/克	钙/克	磷/克
	0	3.90	20.24	0.00	2.20	17.78	346	8	8
	0.3	4.64	20.24	2.28	2.84	22.97	475	15	11
	0.4	4.88	20.24	3.14	3.00	24.23	517	18	11
	0.5	5.13	20.24	4.06	3.17	25.01	558	20	12
250	0.6	5.37	20.24	5.05	3.35	27.03	599	23	13
	0.7	5.62	20.24	6.12	3.53	28.53	637	25	14
	0.8	5.87	20.24	7.27	3.76	30.38	672	28	15
	0.9	6.11	20.24	8.51	4.02	32.47	711	30	15
	1.0	6.36	20.24	9.86	4.33	34.98	746	33	17
	0	4.19	21.74	0.00	2.40	19.37	372	9	9
	0.3	4.96	21.74	2.50	3.10	25.06	501	16	11
	0.4	5.21	21.74	3.45	3.27	26.40	543	18	12
	0.5	5.47	21.74	4.47	3.45	27.87	581	20	13
275	0.6	5.72	21.74	5.56	3.65	29.46	619	23	14
	0.7	5.98	21.74	6.73	3.85	31.09	657	25	14
	0.8	6.23	21.74	7.99	4.10	33.10	696	28	15
	0.9	6.49	21.74	9.36	4.38	35.35	731	30	16
	1.0	6.74	21.74	10.85	4.72	38.07	766	32	17
	0	4.46	23.21	0.00	2.60	21.00	397	10	10
	0.3	5.26	23.21	2.73	3.35	27.07	523	16	12
	0.4	5.53	23.21	3.77	3.54	28.58	565	18	13
	0.5	5.79	23.21	4.87	3.74	30.17	603	21	14
300	0.6	6.06	23.21	6.06	3.95	31.88	641	23	14
	0.7	6.32	23.21	7.34	4.17	33.64	679	25	15
	0.8	6.58	23.21	8.72	4.44	35.82	715	28	16
	0.9	6.85	23.21	10.21	4.74	38.24	750	30	17
	1.0	7.11	23.21	11.84	5.10	41.17	785	32	17

（续）

活体重/千克	平均日增重/千克	干物质采食量/千克	维持净能/兆焦	生产净能/兆焦	肉牛能量单位（个）	综合净能/兆焦	粗蛋白质/克	钙/克	磷/克
	0	4.75	24.65	0.00	2.78	22.43	421	11	11
	0.3	5.57	24.65	2.96	3.59	28.95	547	17	13
	0.4	5.84	24.65	4.08	3.78	30.54	586	19	14
	0.5	6.12	24.65	5.28	3.99	32.22	624	21	14
325	0.6	6.39	24.65	6.57	4.22	34.06	662	23	15
	0.7	6.66	24.65	7.95	4.46	35.98	700	25	16
	0.8	6.94	24.65	9.45	4.74	38.28	736	28	16
	0.9	7.21	24.65	11.07	5.06	40.88	771	30	17
	1.0	7.49	24.65	12.82	5.45	44.02	803	32	18
	0	5.02	26.06	0.00	2.95	23.85	445	12	12
	0.3	5.87	26.06	3.19	3.81	30.75	569	17	14
	0.4	6.15	26.06	4.39	4.02	32.47	607	19	14
	0.5	6.43	26.06	5.69	4.24	34.27	645	21	15
350	0.6	6.72	26.06	7.07	4.49	36.23	683	23	16
	0.7	7.00	26.06	8.56	4.74	38.24	719	25	16
	0.8	7.28	26.06	10.17	5.04	40.71	757	28	17
	0.9	7.57	26.06	11.92	5.38	43.47	789	30	18
	1.0	7.85	26.06	13.81	5.80	46.82	824	32	18
	0	5.28	27.44	0.00	3.13	25.27	469	12	12
	0.3	6.16	27.44	3.41	4.04	32.59	593	18	14
	0.4	6.45	27.44	4.71	4.26	34.39	631	20	15
	0.5	6.74	27.44	6.09	4.50	36.32	669	22	16
375	0.6	7.03	27.44	7.58	4.76	38.41	704	24	17
	0.7	7.32	27.44	9.18	5.03	40.58	743	26	17
	0.8	7.62	27.44	10.90	5.35	43.18	778	28	18
	0.9	7.91	27.44	12.77	5.71	46.11	810	30	19
	1.0	8.20	27.44	14.79	6.15	49.66	845	32	19

（续）

活体重/千克	平均日增重/千克	干物质采食量/千克	维持净能/兆焦	生产净能/兆焦	肉牛能量单位（个）	综合净能/兆焦	粗蛋白质/克	钙/克	磷/克
	0	5.55	28.80	0.00	3.31	26.74	492	13	13
	0.3	6.45	28.80	3.64	4.26	34.43	613	18	15
	0.4	6.76	28.80	5.02	4.50	36.36	651	20	16
	0.5	7.06	28.80	6.50	4.76	38.41	689	22	16
400	0.6	7.36	28.80	8.08	5.03	40.58	727	24	17
	0.7	7.66	28.80	9.79	5.31	42.89	763	26	17
	0.8	7.96	28.80	11.63	5.65	45.65	798	28	18
	0.9	8.26	28.80	13.62	6.04	48.74	830	29	19
	1.0	8.56	28.80	15.78	6.50	52.51	866	31	19
	0	6.06	31.46	0.00	3.89	31.46	537	12	12
	0.3	7.02	31.46	4.10	4.40	35.65	625	18	14
	0.4	7.34	31.46	5.65	4.59	37.11	653	20	15
	0.5	7.65	31.46	7.31	4.80	38.77	681	22	16
450	0.6	7.97	31.46	9.09	5.02	40.55	708	24	17
	0.7	8.29	31.46	11.01	5.26	42.47	734	26	17
	0.8	8.61	31.46	13.08	5.51	44.54	759	28	18
	0.9	8.93	31.46	15.32	5.79	46.78	784	30	19
	1.0	9.25	31.46	17.75	6.09	49.21	808	32	19
	0	6.56	34.05	0.00	4.21	34.05	582	13	13
	0.3	7.57	34.05	4.55	4.78	38.60	662	18	15
	0.4	7.91	34.05	6.28	4.99	40.32	687	20	16
	0.5	8.25	34.05	8.12	5.22	42.17	712	22	16
500	0.6	8.58	34.05	10.10	5.46	44.15	736	24	17
	0.7	8.92	34.05	12.23	5.73	46.28	760	26	17
	0.8	9.26	34.05	14.53	6.01	48.58	783	28	18
	0.9	9.60	34.05	17.02	6.32	51.07	805	29	19
	1.0	9.93	34.05	19.72	6.65	53.77	827	31	19

表3-3 妊娠母牛的每天营养需要量

体重 千克	妊娠 月份	干物 质采 食量/ 千克	维持 净能/ 兆焦	妊娠 净能 /兆焦	肉牛 能量 单位 （个）	综合 净能 /兆焦	粗蛋 白质 /克	钙 /克	磷 /克
300	6	6.32	23.21	4.32	2.80	22.60	409	14	12
	7	6.43	23.21	7.36	3.11	25.12	477	16	12
	8	6.60	23.21	11.17	3.50	28.26	587	18	13
	9	6.77	23.21	15.77	3.97	32.05	735	20	13
350	6	6.86	26.06	4.63	3.12	25.19	449	16	13
	7	6.98	26.06	7.88	3.45	28.87	517	18	14
	8	7.15	26.06	11.97	3.87	31.24	627	20	15
	9	7.32	26.06	16.89	4.37	35.30	775	22	15
400	6	7.39	28.80	4.94	3.43	27.69	488	18	15
	7	7.51	28.80	8.40	3.78	30.56	556	20	16
	8	7.68	28.80	12.76	4.23	34.13	666	22	16
	9	7.84	28.80	18.01	4.76	38.47	814	24	17
450	6	7.90	31.46	5.24	3.73	30.12	526	20	17
	7	8.02	31.46	8.92	4.11	33.15	594	22	18
	8	8.19	31.46	13.55	4.58	36.99	704	24	18
	9	8.36	31.46	19.13	5.15	41.58	852	27	19
500	6	8.40	34.05	5.55	4.03	32.51	563	22	19
	7	8.52	34.05	9.45	4.43	35.72	631	24	19
	8	8.69	34.05	14.35	4.92	39.76	741	26	20
	9	8.86	34.05	20.25	5.53	44.62	889	29	21
550	6	8.89	36.57	5.86	4.31	34.83	599	24	20
	7	9.00	36.57	9.97	4.73	38.23	667	26	21
	8	9.17	36.57	15.14	5.26	42.47	777	29	22
	9	9.34	36.57	21.37	5.90	47.62	925	31	23

表 3-4 哺乳母牛的每天营养需要量

体重/千克	干物质采食量/千克	4%乳脂率标准乳/千克	维持净能/兆焦	哺乳净能/兆焦	肉牛能量单位（个）	哺乳综合净能/兆焦	粗蛋白质/克	钙/克	磷/克
	4.47	0	23.21	0.00	3.50	28.31	332	10	10
	5.82	3	23.21	9.41	4.92	39.79	587	24	14
	6.27	4	23.21	12.55	5.40	43.61	672	29	15
	6.72	5	23.21	15.69	5.87	47.44	757	34	17
300	7.17	6	23.21	18.83	6.34	51.27	842	39	18
	7.62	7	23.21	21.97	6.82	55.09	927	44	19
	8.07	8	23.21	25.10	7.29	58.92	1012	48	21
	8.52	9	23.21	28.24	7.77	62.75	1097	53	22
	8.97	10	23.21	31.38	8.24	66.57	1182	58	23
	5.02	0	26.06	0.00	3.93	31.78	372	12	12
	6.37	3	26.06	9.41	5.35	43.26	627	27	16
	6.82	4	26.06	12.55	5.83	47.08	712	32	17
	7.27	5	26.06	15.69	6.30	50.91	797	37	19
350	7.72	6	26.06	18.83	6.77	54.74	882	42	20
	8.17	7	26.06	21.97	7.25	58.56	967	46	21
	8.62	8	26.06	25.10	7.72	62.39	1052	51	23
	9.07	9	26.06	28.24	8.20	66.22	1137	56	24
	9.52	10	26.06	31.38	8.67	70.04	1222	61	25
	5.55	0	28.80	0.00	4.35	35.12	411	13	13
	6.90	3	28.80	9.41	5.77	46.60	666	28	17
	7.35	4	28.80	12.55	6.24	50.43	751	33	18
	7.80	5	28.80	15.69	6.71	54.26	836	38	20
400	8.25	6	28.80	18.83	7.19	58.08	921	43	21
	8.70	7	28.80	21.97	7.66	61.91	1006	47	22
	9.15	8	28.80	25.10	8.14	65.74	1091	52	24
	9.60	9	28.80	28.24	8.61	69.56	1176	57	25
	10.05	10	28.80	31.38	9.08	73.39	1261	62	26

（续）

体重/千克	干物质采食量/千克	4%乳脂率标准乳/千克	维持净能/兆焦	哺乳净能/兆焦	肉牛能量单位（个）	哺乳综合净能/兆焦	粗蛋白质/克	钙/克	磷/克
	6.06	0	31.46	0.00	4.75	38.37	449	15	15
	7.41	3	31.46	9.41	6.17	49.85	704	30	19
	7.86	4	31.46	12.55	6.64	53.67	789	35	20
	8.31	5	31.46	15.69	7.12	57.50	874	40	22
450	8.76	6	31.46	18.83	7.59	61.33	959	45	23
	9.21	7	31.46	21.97	8.06	65.15	1044	49	24
	9.66	8	31.46	25.10	8.54	69.98	1129	54	26
	10.11	9	31.46	28.24	9.01	72.81	1214	59	27
	10.56	10	31.46	31.38	9.48	76.63	1299	64	28
	6.56	0	34.05	0.00	5.14	41.52	486	16	16
	7.91	3	34.05	9.41	6.56	53.00	741	31	20
	8.36	4	34.05	12.55	7.03	56.83	826	36	21
	8.81	5	34.05	15.69	7.51	60.66	911	41	23
500	9.26	6	34.05	18.83	7.98	64.48	996	46	24
	9.71	7	34.05	21.97	8.45	68.31	1081	50	25
	10.16	8	34.05	25.10	8.93	72.14	1166	55	27
	10.61	9	34.05	28.24	9.40	75.96	1251	60	28
	11.06	10	34.05	31.38	9.87	79.79	1336	65	29
	7.04	0	36.57	0.00	5.52	44.60	522	18	18
	8.39	3	36.57	9.41	6.94	56.08	777	32	22
	8.84	4	36.57	12.55	7.41	59.91	862	37	23
	9.29	5	36.57	15.69	7.89	63.73	947	42	25
550	9.74	6	36.57	18.83	8.36	67.56	1032	47	26
	10.19	7	36.57	21.97	8.83	71.39	1117	52	27
	10.64	8	36.57	25.10	9.31	75.21	1202	56	29
	11.09	9	36.57	28.24	9.78	79.04	1287	61	30
	11.54	10	36.57	31.38	10.26	82.87	1372	66	31

表 3-5　哺乳母牛每千克 4% 标准乳中的营养含量

干物质/克	肉牛能量单位（个）	综合净能/兆焦	脂肪/克	粗蛋白质/克	钙/克	磷/克
450	0.32	2.57	40	85	2.46	1.12

表 3-6　肉牛对日粮微量矿物质元素的需要量

（单位：毫克/千克）

微量元素	需要量（以日粮干物质计）			最大耐受浓度
	生长和育肥牛	妊娠母牛	哺乳早期母牛	
钴（Co）	0.10	0.10	0.10	10
铜（Cu）	10.00	10.00	10.00	100
碘（I）	0.50	0.50	0.50	50
铁（Fe）	50.00	50.00	50.00	1000
锰（Mn）	20.00	40.00	40.00	1000
硒（Se）	0.10	0.10	0.10	2
锌（Zn）	30.00	30.00	30.00	500

表 3-7　肉牛对日粮维生素的需要量

（单位：国际单位/千克）

种类	需要量（以日粮干物质计）				最大耐受浓度
	生长和育肥牛	生长母牛	妊娠母牛	哺乳早期母牛	
维生素 A	2200	2400	2800	3900	30000
维生素 D	275	275	275	275	4500
维生素 E	50~100	50~60	50~60	50~60	900

第二节　肉牛饲料的配方设计方法

【提示】

　　任何一种饲料原料都不能供给牛体所必需的全部营养物质。因此，必须按饲养标准科学搭配，使饲料多样化。同一类饲料中的原料要尽量采用多品种，使日粮中各类饲料所含营养物质能互相取长补短。与饲喂单一饲料相比，科学搭配后的饲料（配合饲料）不仅能提高日粮营养价值，而且能满足肉牛的营养需要。

一、配合饲料的概念

　　配合饲料指根据肉牛的不同生长阶段、不同生理要求、不同生产用途的营养需要，以及以饲料营养价值评定的实验和研究为基础，按科学配方把不同来源的饲料，依一定比例均匀混合，并按规定的工艺流程生产以满足各种实际需求的饲料。

二、配合饲料的分类

　　配合饲料按营养成分和用途可分为全价配合饲料、混合饲料、浓缩饲料、精料补充料和预混料等，见图3-1。

三、预混料配方设计方法

　　预混料的作用是利于微量原料均匀分散于大量的配合饲料中，可分为单项预混料和复合预混料。预混料不能直接饲喂肉牛。

1. 预混料配制时应注意的问题

（1）载体、稀释剂和吸附剂的选择

　　1）载体。载体是一种能够承载或吸附微量活性添加成分的微粒。微量成分被载体所承载后，其本身的若干物理特性发生改变而不再表现出来，而所得"混合物"的有关物理特性（如流动性、粒度等）基本取决于或表现为载体的特性。常用的载体有两类，即有机

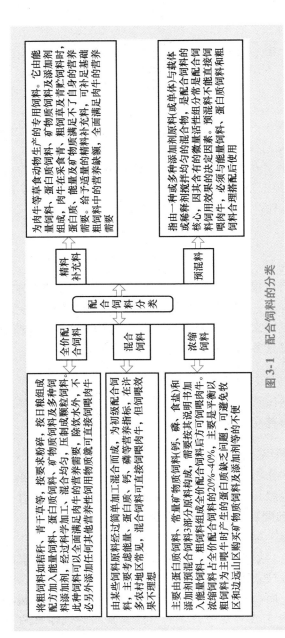

图 3-1　配合饲料的分类

载体与无机载体。有机载体又分为两种：一种是指含粗纤维多的物质，如次粉、小麦粉、玉米粉、脱脂米糠粉、棉壳粉、玉米穗轴粉、大豆壳粉、大豆粕粉等，含水量最好控制在8%以下；另一种为含粗纤维少的物质，如淀粉、乳糖等，这类载体多用于维生素添加剂或药物性添加剂。无机载体则为碳酸钙、磷酸钙、硅酸盐、二氧化硅、食盐、陶土、滑石、蛭石、沸石粉、海泡石粉等，这类载体多用于微量元素预混料的制作。制作预混料可选用有机载体，或二者兼有，可视需要而定。

2）稀释剂。所谓稀释剂是指混合于一组或多组微量活性组分中的物质，可将活性微量组分的浓度降低，并把它们的颗粒彼此分开，减少活性成分之间的相互反应，以增加活性成分的稳定性。稀释剂与微量活性成分之间的关系是简单的机械混合，它不会改变微量成分的有关物理性质。

稀释剂也可分为有机物与无机物两大类。有机物常用的有去胚的玉米粉、右旋糖（葡萄糖）、蔗糖、豆粕粉、烘烤过的大豆粉、带有麸皮的粗小麦粉等，这类稀释剂要求在粉碎之前经干燥处理，含水量低于10%。无机物主要指石粉、碳酸钙、贝壳粉、高岭土（白陶土）等，这类稀释剂要求在无水状态下使用。

3）吸附剂。吸附剂也称吸收剂，可使活性成分附着在其颗粒表面，使液态微量化合物添加剂变为固态化合物，有利于实现混合均匀。其特性是吸附性强，化学性质稳定。

吸附剂一般也分为有机物和无机物两类，有机物如小麦胚粉、脱脂的玉米胚粉、玉米芯碎片、粗麸皮、大豆细粉及吸水性强的谷物类等。无机物则包括二氧化硅、蛭石、硅酸钙等。

实际上载体、吸附剂、稀释剂大多是相互混用的，但从制作预混料工艺的角度出发来区别它们，对于正确选用载体、稀释剂、吸附剂是有必要的。

可作为载体和稀释剂的物质有很多，性质各异。对预混料的载体和稀释剂的要求可参照表3-8。

表3-8　对预混料的载体和稀释剂的要求

项目	含水量	粒度（目）	容　　重	表面特性	吸湿结块	流动性	pH	静电
载体	<10%	30～80	接近承载	粗糙吸附性好	不易吸湿	差	接近中性	低
稀释剂	<10%	80～200	接近被稀释物料	光滑流动性好	防结块	好	接近中性	低

（2）**预混料的制作原则与要求**　制作预混料的规格要求和影响因素很多，但均要遵循以下几个原则：必须保证微量活性组分的稳定性，保证微量活性组分的均匀一致性，以及保证人和肉牛的安全性。

在预混料中，除了添加剂外，还有载体与稀释剂。因此，作为预混料产品均要符合以下几项要求，方能保证产品质量：

第一，产品配方设计合理，产品与产品配方基本一致。

第二，混合均匀，防止分级。

第三，稳定性良好，便于贮存和加工。

第四，浓度适宜，包装良好，使用方便。

（3）**预混料配方设计的注意事项**

1）配方设计应以饲养标准为依据。饲养标准是在不同饲养目的下动物的营养需要量。它是依据科学试验结果制定的，完全可以作为预混料配方设计的依据。但肉牛饲养标准中的营养需要量是在试验条件下，满足肉牛正常生长发育的最低需要量，实际生产条件远远超出试验控制条件。因此，在确定预混料配方中各种原料的用量时，要加上一个适宜的量，即保险系数或称安全系数，以保证满足肉牛在生产条件下对营养物质的正常需要。

2）正确使用添加剂原料。要清楚掌握添加剂原料的品质，这对保证制成的预混料质量至关重要。添加剂原料使用前，要对其活性成分进行实际测定，以实际测定值作为确定配方中实际用量的依据。

在使用药物添加剂时，除注意实际效用外，要特别注意安全性。在配方设计时，要充分考虑实际使用条件，对含药添加剂的使用期、停药期及其他有关注意事项，要在使用说明中给予详细的注释。

3）注意添加剂间的配伍性。预混料是一种或多种饲料添加剂与载体或稀释剂按一定比例配合而成的。因此，在设计配方时必须清楚了解和注意它们之间的可配伍性和配伍禁忌。

4）注意组成预混料各成分的比重是否接近，是否与后继生产的浓缩饲料和全价配合饲料组成中的主料接近，若相差太远，则容易在长途运输中产生"分级"现象，降低饲喂效果，甚至出现危险。例如，以麸皮或草粉作为载体的预混料，配合成浓缩饲料或全价配合饲料后，在运输等振动条件下会逐渐"上浮"到包装的最上层，使上下层成分差别巨大，均匀度降低。

2. 预混料配方设计的一般方法和步骤

1）根据饲养标准和饲料添加剂使用指南确定各种饲料添加剂原料的用量。肉牛的饲养标准是确定肉牛营养需要的基本依据，为计算方便，通常以肉牛饲养标准中规定的微量元素和维生素需要量作为添加量，还可参考确实可靠的研究和实践进行权衡，修订添加的种类和数量。

氨基酸的添加量按下式计算：

某种氨基酸添加量 = 某种氨基酸需要量 − 非氨基酸添加剂物和其他饲料提供的某种氨基酸量

2）原料选择。综合原料的生物效价、价格和加工工艺的要求选择微量元素原料。主要查明微量元素含量，同时查明杂质及其他元素含量，以备应用。

3）根据原料中微量元素、维生素及有效成分含量或效价、预混料中的需要量等计算在预混料中所需商品原料量，其计算方法是：

纯原料量 = 某微量元素需要量 ÷ 纯品中元素含量（%）

商品原料量 = 纯原料量 ÷ 商品原料有效含量（或纯度）

4）确定载体用量。根据预混料在配合饲料中的比例，计算载体用量。一般认为预混料占全价配合饲料的 0.1% ~ 0.5% 为宜。

载体用量为预混料量与商品原料量之差。

5）列出预混料的生产配方。

3. 预混料配方设计示例

【例1】 设计育肥肉牛微量元素预混料配方

1）根据饲养标准确定微量元素用量。由我国肉牛饲养标准中查出育肥肉牛的微量元素需要量（即每千克饲粮中的添加量），见表3-9。

表3-9　育肥肉牛的微量元素需要量（以日粮干物质计）

元素	铜	碘	铁	锰	硒	锌	钴
需要量/（毫克/千克）	10.00	0.50	50.00	20.00	0.10	30.00	0.10

2）微量元素的原料选择。实际生产中有许多微量元素饲料添加剂，其相应的化学结构、分子式、元素含量、纯度等均有差别，可根据实际情况进行选择。表3-10列出了常用的商品微量元素盐的规格。

表3-10　常用的商品微量元素盐的规格

商品原料	分子式	纯品中元素含量（%）	商品原料纯度（%）
一水硫酸铜	$CuSO_4 \cdot H_2O$	Cu：25.5	96
碘化钾	KI	I：76.4	98
七水硫酸亚铁	$FeSO_4 \cdot 7H_2O$	Fe：20.1	98.5
一水硫酸锰	$MnSO_4 \cdot H_2O$	Mn：32.5	98
五水亚硒酸钠	$Na_2SeO_3 \cdot 5H_2O$	Se：30.0	95
七水硫酸锌	$ZnSO_4 \cdot 7H_2O$	Zn：22.7	99
硫酸钴	$CoSO_4$	Co：38.0	98

3）计算商品原料量。将需要添加的各微量元素折合为每千克风干全价配合饲料中的商品原料量（表3-11）。即：商品原料量 = 某微量元素需要量 ÷ 纯品中该元素含量 ÷ 商品原料纯度

表 3-11　每千克风干全价配合饲料中微量元素盐商品原料量

商品原料	计　算　式	商品原料量/（毫克/千克）
一水硫酸铜	$10.00 \div 25.5\% \div 96\%$	40.85
碘化钾	$0.50 \div 76.4\% \div 98\%$	0.67
七水硫酸亚铁	$50.00 \div 20.1\% \div 98.5\%$	252.54
一水硫酸锰	$20.00 \div 32.5\% \div 98\%$	62.79
五水亚硒酸钠	$0.10 \div 30\% \div 95\%$	0.35
七水硫酸锌	$30.00 \div 22.7\% \div 99\%$	133.49
硫酸钴	$0.10 \div 38\% \div 98\%$	0.27
合计		490.96

4）计算载体用量。若预混料在全价配合饲料中占 0.2%（即每吨全价配合饲料中含预混料 2 千克）时，则预混料中载体用量等于预混料量与微量元素盐商品原料量之差。即：2 千克 – 0.49096 千克 = 1.50904 千克。

5）给出生产配方，见表 3-12。

表 3-12　微量元素预混料生产配方

商品原料	每吨全价配合饲料中的用量/克	预混料配比（%）	每吨微量元素预混料中的用量/千克
一水硫酸铜	40.85	2.0425	20.425
碘化钾	0.67	0.0335	0.335
七水硫酸亚铁	252.54	12.627	126.27
一水硫酸锰	62.79	3.1395	31.395
五水亚硒酸钠	0.35	0.0175	0.175
七水硫酸锌	133.49	6.6745	66.745
硫酸钴	0.27	0.0135	0.135
载体	1509.04	75.452	754.52
合计	2000	100	1000

【例2】　设计育肥肉牛维生素预混料配方

1）确定需要量和添加量。查我国肉牛饲养标准可知，育肥肉牛每千克饲料中维生素的需要量为：维生素 A 2200 国际单位，维生素 D 275 国际单位，维生素 E 50 ~ 100 国际单位。根据饲养管理水平、工作经验等进行调整确定添加量为：维生素 A 4000 国际单位，维生素 D 500 国际单位，维生素 E 50 国际单位。

2）根据维生素商品原料的有效成分含量计算原料用量。从市场上选择适宜的维生素原料并确定其有效成分含量，按下列计算式折算：

某维生素商品原料用量 = 某维生素添加量 ÷ 原料中某维生素有效含量

计算结果见表 3-13。

表 3-13 育肥肉牛每千克全价配合饲料中维生素添加量及商品原料用量

维生素	添加量	原料中有效成分含量	维生素商品原料用量/克
维生素 A	4000 国际单位	500000 国际单位/克	4000 ÷ 500000 = 0.008
维生素 D	500 国际单位	500000 国际单位/克	500 ÷ 500000 = 0.001
维生素 E	50 国际单位	50%	50 ÷ 50% ÷ 1000 = 0.1
合计			0.109

3）抗氧化剂的添加量为 0.8 克/吨。

4）计算载体用量。载体用量根据设定的维生素预混料（多维）在全价配合饲料中的用量确定，在此处设定用量为 500 克/吨，则载体用量为 500 克/吨 – 109.00 克/吨 – 0.80 克/吨 = 390.20 克/吨。

5）给出生产配方，见表 3-14。

表 3-14 维生素预混料生产配方

商品原料	每千克全价配合饲料中的用量/克	每吨全价配合饲料中的用量/克	预混料配比（%）	每吨维生素预混料中的用量/千克
维生素 A	0.008	8.00	1.6	16
维生素 D	0.001	1.00	0.2	2
维生素 E	0.1	100.00	20	200
抗氧化剂		0.80	0.16	1.6
载体		390.2	78.04	780.4
合计		500	100	1000

　　复合预混料配方设计步骤与微量元素或维生素预混料配方的基本相似，即确定添加量、选择原料并确定其中有效成分含量、计算各原料和载体用量及百分比。

【例3】　设计育肥肉牛复合预混料配方

1%育肥肉牛复合预混料设计及配方见表3-15。

表3-15　1%育肥肉牛复合预混料设计及配方

组　　分	添加量/克	配比（%）
维生素预混料	500	5.0
微量元素预混料	2000	20.0
抗氧化剂	100	1.0
碳酸氢钠	500	5.0
莫能霉素	30	0.3
载体	6870	68.7
总计	10000	100

四、精料补充料配方设计方法

1. 配方设计步骤

　　肉牛除采食大量粗饲料外，还需饲喂一定量的精料补充料。设计配方的基本步骤是：

　　第一步，首先计算出肉牛每天采食的粗饲料可为其提供各种营养物质的数量。

　　第二步，根据饲养标准计算出达到规定的生产性能尚需的营养物质的数量，即必须由精料补充料提供的营养物质的量。

　　第三步，由肉牛每天采食的精料补充料量计算精料补充料中应含各种营养物质的含量。

　　第四步，根据配合精料补充料的营养物质的含量，拟定肉牛精料补充料配方。

2. 配方设计示例

【例4】 为体重200千克，预期日增重1千克的肉牛配制精料补充料配方。精料补充料可以选择玉米、麸皮、棉籽饼、豆饼、磷酸氢钙、食盐、添加剂为原料，粗饲料可选用玉米青贮、苜蓿干草、玉米秸。

1）查肉牛饲养标准与饲料成分表，列出其养分需要量，见表3-16和表3-17。

表3-16　肉牛饲养标准中规定的养分需要量

日粮干物质/千克	肉牛能量单位（个）	综合净能/兆焦	粗蛋白质/克	钙/克	磷/克
5.57	3.45	27.82	708	34	16

表3-17　饲料原料成分表

饲料原料	干物质（%）	肉牛能量单位/（个/千克）	综合净能/（兆焦/千克）	粗蛋白质（%）	钙（%）	磷（%）
玉米青贮	22.7	0.12	1.00	1.6	0.10	0.06
苜蓿干草	92.4	0.56	4.51	16.8	1.95	0.28
玉米秸	90.0	0.31	2.53	5.9	0.05	0.06
玉米	88.4	1.00	8.06	8.6	0.08	0.21
麸皮	88.6	0.73	5.86	14.4	0.20	0.78
棉籽饼	89.6	0.82	6.62	32.5	0.27	0.81
豆饼	90.6	0.92	7.41	43.0	0.32	0.50
磷酸氢钙					23	16

2）确定粗饲料的采食量。肉牛日粮中精粗比例一般为47:53，则肉牛每天采食粗饲料的干物质为5.57千克×53% = 2.95千克，每天采食精料补充料的干物质为5.57千克×47% = 2.62千克。根据经验，粗饲料中苜蓿干草、玉米青贮分别为0.50千克和10千克，剩余的玉米秸为0.24千克［（2.95 − 0.50 × 92.4% − 10 × 22.7%）÷90%］，由此计算出粗饲料的营养含量，见表3-18。

表 3-18　粗饲料的营养含量

饲料原料	用量/千克	干物质/千克	肉牛能量单位（个）	综合净能/兆焦	粗蛋白质/克	钙/克	磷/克
玉米青贮	10.0	2.27	1.20	10.00	160.00	10.00	6.00
苜蓿干草	0.50	0.46	0.28	2.26	84.00	9.75	1.40
玉米秸	0.24	0.22	0.07	0.61	14.16	0.12	0.14
合计		2.95	1.55	12.87	258.16	19.87	7.54
与标准差			1.90	14.95	449.84	14.13	8.46

3）拟定各种精料补充料的用量并计算出养分含量，见表 3-19。

表 3-19　各种精料补充料的用量及养分含量

饲料原料	用量/千克	干物质/千克	肉牛能量单位（个）	综合净能/兆焦	粗蛋白质/克	钙/克	磷/克
玉米	0.83	0.73	0.83	6.69	71.38	0.66	1.74
麸皮	0.46	0.41	0.34	2.70	66.24	0.92	3.59
豆饼	0.35	0.32	0.32	2.59	150.50	1.12	1.75
棉籽饼	0.50	0.45	0.41	3.31	162.50	1.35	4.05
合计		1.91	1.90	15.29	450.62	4.05	11.13
要求		2.62	1.90	14.95	449.84	14.13	8.46
相差			0	+0.34	+0.78	-10.08	+2.67

由上表可见，日粮中的消化能和粗蛋白质已基本符合要求，如果消化能高（或低），应相应减少（或增加）能量饲料，粗蛋白质也是如此，能量和蛋白质符合要求后再看钙和磷的水平。钙不足，用石粉补充，补充 25.5 克石粉 [10.08÷0.3949（每克石粉含钙量）]。

补充 1% 的食盐和 1% 复合预混料。

4）定出饲料配方。此肉牛日粮配方为：玉米青贮 10 千克，苜蓿干草 0.5 千克，玉米秸 0.24 千克，玉米 0.83 千克，麸皮 0.46 千克，棉籽饼 0.5 千克，豆饼 0.35 千克，石粉 0.026 千克，食盐和复合预

混料各 0.022 千克。

精料补充料配方：玉米 37.6%，麸皮 20.8%，棉籽饼 22.6%，豆饼 15.8%，石粉 1.2%，食盐和复合预混料各为 1%。

五、全价配合饲料配方设计方法

1. 全价配合饲料配方设计的原则

（1）**科学性原则**　饲养标准是对动物实行科学饲养的依据，因此，必须根据肉牛不同生理时期所制定的饲养标准规定的营养物质需要量的指标来配合饲料。在选用的饲养标准基础上，可根据饲养实践中肉牛的生长或生产性能等情况做适当的调整。

应注意选用新鲜无毒、无霉变、质地良好、有毒有害物质不超过规定含量的饲料，含毒素的饲料应在脱毒后使用，或控制一定的喂量；应注意饲料的体积尽量和肉牛的消化生理特点相适应。应选择适口性好、无异味的饲料。对适口性差的饲料也可采用适当搭配适口性好的饲料或加入调味剂，以提高其适口性，增加采食量。

饲料原料的选择要多样化。不同饲料有不同的营养特点，合理的饲料配方应为不同种饲料原料的合理搭配。因此，在选择饲料原料时，应根据肉牛的消化生理特点，选择多种原料进行搭配，尽量避免单一，并注意饲料的适口性。采用多种营养调控措施，充分发挥营养物质的互补作用，达到优化饲料配方的目的。

肉牛的饲料，应以粗饲料为主，合理搭配精料补充料。不同的生理阶段，不同育肥方式的肉牛对营养物质的需求不同，精、粗饲料的组成比例、采食量也不同。既要满足肉牛营养需要，又要让其吃得下、吃得饱，因此，饲料要有适宜的精粗比。此外，要少喂或不喂粉碎的草粉，谷物饲料不要粉碎过细。

（2）**安全性与合法性原则**　饲料质量直接关系到养殖业的发展，影响动物产品的质量安全，涉及人身安全和健康。按配方设计出的产品应严格符合国家法律法规及条例，如营养指标、感观指标、卫生指标、包装等。尤其违禁药物及对动物和人体有害物质的使用或含量应强制性遵照国家规定。但目前饲料产品的安全问题依然存在，包括违法、违规添加药物的现象屡禁不止，饲料营养指标不合格现象依然严重，饲料产品卫生指标不合格，一些添加剂、预混料和配合饲料产品中，铅超标比较严重等。

随着社会的进步，饲料生物安全标准和法规将陆续出台，配方设计要综合考虑产品对环境生态和其他生物的影响，尽量提高营养物的利用效率，减少动物废弃物中氮、磷、药物及其他物质对人类、生态系统的不利影响。

（3）**充分利用当地饲料资源**　设计饲料配方应熟悉所在地区的饲料资源现状，根据当地饲料资源的品种、数量及各种饲料的理化特性和饲用价值，尽量做到全年比较均衡地使用各种饲料原料。

充分利用当地生产的质优价廉的饲料原料配制饲料，可以降低饲养成本。饲料一般占肉牛成本的70%以上，有条件的养牛场尽可能种植消耗量最多的青、粗饲料，或就地、就近收贮饲料。在保证各种营养物质供给的前提下，仔细进行成本核算，配合廉价、可行的饲料，尽可能降低饲养成本。不同地区、不同季节的饲料价格差异较大，应因地制宜、因时制宜，用当地出产多、容易得到的饲料原料，及时修订饲料配方，配制新的饲料。

（4）**逐级预混原则**　为了提高微量养分在全价配合饲料中的均匀度，原则上讲，凡是在成品中的用量少于1%的原料，均应先用少量饲料进行预混合处理，然后和大量饲料混合。如预混料中的硒，就必须先预混，否则混合不均匀就可能会造成肉牛生产性能不良，整齐度差，饲料转化率低，甚至造成个体中毒死亡。

2. 饲料配方设计的基本步骤

第一步，根据肉牛的生产水平、体重，先查肉牛饲养标准表，确定营养物质需要量。

第二步，选择饲料原料，查饲料成分表，列出各原料的营养物质含量。

第三步，进行初试配方计算和饲养标准比较。

第四步，调整配方（按标准规定值）。

第五步，进行生产检验和个体观察，灵活运用标准定量。

3. 饲料配方的设计方法

肉牛饲料的配制主要是规划计算各种饲料原料的用量比例。设计配方时采用的计算方法分手工计算和计算机规划两大类。手工计算法有对角线法、方程组法、试差法，可以借助计算器计算；计算机规划法，主要是根据有关数学模型编制专门程序软件进行饲料配方的优化设计。

计算机规划法适合于饲料原料品种多的地方，如果饲料品种少，没有筛选的余地，计算机规划法不可能达到优化筛选饲料配方的目的，所起到的作用仅仅是按饲料营养成分配制饲料，此时计算的饲料配方和"试差法"计算出的配方没多大差别。因此，计算机规划法适合规模化养牛场使用，而手工计算法（主要是试差法和对角线法）适合在饲料原料品种少的情况下使用，目前我国广大农村养牛户正适合于此种方法。

（1）对角线法 又称四角法、方形法、交叉法或图解法。在饲料种类不多及营养指标少的情况下，采用此法，较为简便。在采用多种类饲料及复合营养指标的情况下，也可采用本法。但由于计算要反复进行两两组合，比较麻烦，而且不能使配合饲料同时满足多项营养指标。

【例5】 为体重300千克的生长育肥牛配制饲料，要求每头牛日增重1.2千克，饲料精粗比为70:30，饲料原料有玉米、棉籽饼和小麦秸粉。

1）查出300千克体重肉牛日增重1.2千克时所需的各种养分（表3-20）。

表3-20 体重300千克肉牛的养分需要量

干物质采食量/（千克/天）	维持净能/（兆焦/千克）	增重净能/（兆焦/千克）	粗蛋白质（%）
7.28	7.24	4.64	11.40

粗蛋白质需要量（千克/天）：7.28×11.4% = 0.83。

维持净能需要量（兆焦/天）：7.24×7.28 = 52.71。

增重净能（兆焦/天）：4.64×7.28 = 33.78。

2）查饲料营养价值表，查出所用饲料原料的营养成分含量（表3-21）。

表3-21　所用饲料原料的营养成分含量

饲料原料	维持净能/（兆焦/千克）	增重净能/（兆焦/千克）	粗蛋白质（%）
玉米	9.41	6.01	9.7
棉籽饼	7.77	5.18	36.3
小麦秸粉	2.68	0.46	3.6

3）计算粗饲料（小麦秸粉）能提供的粗蛋白质含量：$30\% \times 3.6\% = 1.08\%$。

4）计算精料补充料中玉米和棉籽饼的比例。粗蛋白质总的需要量为：11.4%。

玉米和棉籽饼应该提供的粗蛋白质为：$11.4\% - 1.08\% = 10.32\%$，折合成100%，精料补充料部分应含有的粗蛋白质为：$10.32 \div 0.7 \times 100\% = 14.74\%$。用对角线法计算玉米和棉籽饼在精料补充料中的比例。

玉米占比例为：$21.56 \div (21.56 + 5.04) \times 100\% = 81.05\%$。
棉籽饼占比例为：$5.04 \div (21.56 + 5.04) \times 100\% = 18.95\%$。

5）计算饲料中玉米和棉籽饼的比例。

玉米在饲料中的比例为：$81.05\% \times 70\% = 56.74\%$。

棉籽饼在饲料中的比例为：$18.95\% \times 70\% = 13.26\%$。

6）把配成的饲料的营养成分与营养需要比较（表3-22），检查是否符合要求。

按此配方，粗蛋白质完全满足需要，能量也基本满足。

7）列出配方。肉牛饲料配方为：玉米56.74%、棉籽饼13.26%、小麦秸粉30%。

表 3-22　配成的饲料的营养成分与营养需要比较

饲料原料	干物质/ （千克/天）	粗蛋白质/ （千克/天）	维持净能/ （兆焦/千克）	增重净能/ （兆焦/千克）
玉米	56.74%×7.28=4.13	4.13×9.7%=0.40	4.13×9.41=38.86	4.13×6.01=24.82
棉籽饼	13.26%×7.28=0.97	0.97×36.3%=0.35	0.97×7.77=7.54	0.97×5.18=5.02
小麦秸粉	30%×7.28=2.18	2.18×3.6%=0.08	2.18×2.68=5.84	2.18×0.46=1.00
合计	7.28	0.83	52.24	30.84
营养需要	7.28	0.83	52.71	33.78

（2）**试差法**　所谓试差法，就是先按饲料配合的原则，用所积累的对各种饲料营养特性合理使用的经验，即通常在实践中对肉牛的使用量以及饲养标准的规定，粗略地把所选用的饲料原料加以配合，计算其中各种营养成分，再与饲养标准相比较：对过多的和过缺的营养成分进行调整，以达到基本符合饲养标准的要求。

【例6】　制定体重 400 千克，预计日增重为 1.20 千克的育肥肉牛饲料配方。饲料原料都为当地的廉价饲料，其中粗饲料有玉米青贮、小麦秸，精料补充料有玉米、菜籽粕、小麦麸、石粉和食盐，以及复合预混料。

1）查肉牛饲养标准。从饲养标准中查得该肉牛每天的营养物质需要量见表 3-23。

表 3-23　每头肉牛每天的营养物质需要量

干物质/千克	肉牛能量单位（个）	粗蛋白质/克	钙/克	磷/克
9.17	7.26	927	37	21

2）查所选饲料原料营养价值表，将所选用的饲料原料营养物质含量列于表 3-24。

3）设定肉牛在生长阶段饲料精粗比为 65:35，即粗饲料占 35%，精料补充料占 65%。那么该肉牛的精粗饲料的干物质食入分配为：粗饲料为 9.17 千克×35%=3.21 千克；精料补充料为 9.17 千克×65%=5.96 千克。

表3-24　选用饲料原料营养物质含量表（干物质）

饲料原料	干物质（%）	肉牛能量单位/（个/千克）	粗蛋白质（%）	钙（%）	磷（%）
玉米青贮	22.7	0.54	7.0	0.44	0.26
小麦秸	89.6	0.27	6.3	0.06	0.07
玉米	88.4	1.13	9.7	0.09	0.24
菜籽粕	92.2	0.91	39.5	0.09	1.03
小麦麸	88.6	0.82	16.3	0.79	0.88
石粉	98.5			36	
食盐	98.5				
复合预混料	98.5				

4）首先根据实践经验分配玉米青贮、小麦秸的干物质采食比例，在粗饲料中每天供给小麦秸 2.0 千克，其余用玉米青贮满足，为 1.21 千克。然后计算与饲养标准的差额为精料补充料应该补充的营养，计算见表 3-25。

表3-25　玉米青贮和小麦秸提供的营养物质与能量

饲料原料	干物质/千克	肉牛能量单位（个）	粗蛋白质/克	钙/克	磷/克
玉米青贮	1.21	0.65	84.7	5.32	3.15
小麦秸	2.0	0.54	126	1.2	1.4
合计	3.21	1.19	210.7	6.52	4.55
标准	9.17	7.26	927	37	21
差额	5.96	6.07	716.3	30.48	16.45

5）用试差法制定精料补充料配方，见表 3-26。

表3-26 肉牛精料补充料配方组成和营养物质供给量

饲料原料	比例（%）	干物质/千克	肉牛能量单位（个）	粗蛋白质/克	钙/克	磷/克
玉米	66	3.93	4.44	381.21	3.54	9.43
菜籽粕	8	0.48	0.44	189.6	0.43	4.94
小麦麸	23	1.37	1.12	223.31	10.82	12.06
石粉	1.2	0.07			25.2	
食盐	0.8	0.05				
复合预混料	1	0.06				
合计	100	5.96	6	794.12	39.99	26.43
标准		5.96	6.07	716.3	30.48	16.45
差额		0	0.07	-77.82	-9.51	-9.98

6）调整配方。由表3-26计算结果看出，精料补充料配方能量低，蛋白质稍高，需进行调整。因为玉米与小麦麸的能量相差较大，应增大玉米5%的比例，同时减少小麦麸5%的比例。钙、磷比例在正常范围内不用调整。调整后营养物质含量见表3-27。

表3-27 调整后营养物质含量

饲料原料	比例（%）	干物质/千克	肉牛能量单位（个）	粗蛋白质/克	钙/克	磷/克
玉米	71	4.23	4.78	410.31	3.81	10.15
菜籽粕	8	0.48	0.44	189.6	0.43	4.94
小麦麸	18	1.07	0.88	174.41	8.45	9.42
石粉	1.2	0.07			25.2	
食盐	0.8	0.05				
复合预混料	1	0.06				
合计	100	5.96	6.1	774.32	37.89	24.51
标准		5.96	6.07	716.3	30.48	16.45
差额		0	-0.03	-58.02	-7.41	-8.06

7）确定饲料配方。调整后各营养物质供给量接近饲养标准。因此，调整后的饲料配方可以在生产中使用，如果在生产中发现问题，应继续做相应调整。用各原料所提供的干物质量除以干物质需要量（9.17 千克），制定出饲料配方见表3-28。

表3-28 肉牛饲料配方

干物质采食量/ [千克/（天·头）]	玉米青贮 （%）	小麦秸 （%）	玉米 （%）	菜籽粕 （%）	小麦麸 （%）	石粉 （%）	食盐 （%）	复合预混料 （%）
9.17	13.2	21.8	46.1	5.2	11.7	0.8	0.5	0.7

8）把干物质为基础的比例还原到风干重为基础的比例，见表3-29。

表3-29 肉牛风干重饲料配方

饲料原料	风干重时在饲料中占有的份额	风干重时饲料配方
玉米青贮	13.2÷22.7＝58.15%	58.15%÷155.51%＝37.39%
小麦秸	21.8÷89.6＝24.33%	24.33÷155.51%＝15.65%
玉米	46.1÷88.4＝52.15%	52.15%÷155.51%＝33.53%
菜籽粕	5.2÷92.2＝5.64%	5.64%÷155.51%＝3.63%
小麦麸	11.7÷88.6＝13.21%	13.21%÷155.51%＝8.49%
石粉	0.8÷98.5＝0.81%	0.81%÷155.51%＝0.52%
食盐	0.5÷98.5＝0.51%	0.51%÷155.51%＝0.33%
复合预混料	0.7÷98.5＝0.71%	0.71%÷155.51%＝0.46%
合计	155.51%	100%

第四章
肉牛的饲料配方实例

第一节 肉牛预混料配方

一、肉牛维生素预混料配方

肉牛维生素预混料配方见表4-1。

表4-1 肉牛维生素预混料配方（质量分数,%）

原料及规格	肉牛		妊娠母牛		哺乳母牛	
	维生素预混料占全价配合饲料的0.05%	维生素预混料占全价配合饲料的0.1%	维生素预混料占全价配合饲料的0.05%	维生素预混料占全价配合饲料的0.1%	维生素预混料占全价配合饲料的0.05%	维生素预混料占全价配合饲料的0.1%
维生素 A (50万国际单位/千克)	1.6	0.8	1.90	0.95	3.25	1.63
维生素 D (50万国际单位/千克)	0.2	0.1	0.2	0.1	0.2	0.1
维生素 E（50%）	20.0	10.0	20.0	10.0	20.0	10.0
抗氧化剂	0.16	0.08	0.16	0.08	0.16	0.08
载体	78.04	89.02	77.74	88.87	76.39	88.19
合计	100	100	100	100	100	100

二、肉牛微量元素预混料配方

肉牛微量元素预混料配方见表4-2。

表4-2　肉牛微量元素预混料配方（质量分数,%）

商品原料	肉　　牛		妊娠和哺乳早期母牛	
	微量元素预混料占全价配合饲料的0.2%	微量元素预混料占全价配合饲料的0.5%	微量元素预混料占全价配合饲料的0.2%	微量元素预混料占全价配合饲料的0.5%
一水硫酸铜	2.0425	0.654	1.634	0.654
碘化钾	0.0335	0.014	0.0335	0.014
七水硫酸亚铁	12.627	5.051	12.627	5.051
一水硫酸锰	63.1395	2.512	12.559	6.28
五水亚硒酸钠	0.0175	0.007	0.0175	0.007
七水硫酸锌	6.6745	2.67	6.6745	2.67
硫酸钴	0.0135	0.005	0.0135	0.005
载体	75.452	89.087	66.441	85.319
合计	100	100	100	100

三、肉牛复合预混料配方

肉牛育肥期复合预混料配方见表4-3。

表4-3　肉牛育肥期复合预混料配方

原料名称	产品规格与有效成分含量	肉　　牛		母　　牛
		4%复合预混料（每100千克中用量）/克	5%复合预混料（每100千克中用量）/克	4%复合预混料（每100千克中用量）/克
维生素A	50万国际单位/千克	0.06	0.48	0.10
维生素D_3	50万国际单位/千克	0.1	0.12	0.11
维生素E	50%	0.3	1.0	0.29
维生素B_{12}	氰钴胺1%	0.4		0.32
烟酸	烟酰胺>98%	0.7	0.4082	0.35

（续）

原 料 名 称	产品规格与有效成分含量	肉 牛		母 牛
		4%复合预混料（每100千克中用量）/克	5%复合预混料（每100千克中用量）/克	4%复合预混料（每100千克中用量）/克
莫能菌素	莫能菌素钠>10%	10.7	9.5	
乙氧喹啉	33%	0.1	0.1	0.1
食盐		56.04	44.5	60.0
一水硫酸铜	铜>25%	8.5	0.9618	8.50
氧化镁	镁>19.5%	833	155.0878	350
七水硫酸锌	锌>35%	7.5	8.9706	7.0
七水硫酸亚铁	铁：20.1%		4.0634	
一水硫酸锰	锰：32.5%		5.022	10.0
氯化钾	>98%	78	58.70	70.0
碘酸钙	碘>5%	2.5	0.0158	2.5
亚硒酸钠	硒>1%	1.5	0.0224	1.5
氯化钴	钴>5%	0.6	0.0958（七水硫酸钴）	0.63
氯化铬			0.0522	
碳酸氢钠			304	
膨润土			61.00	100.0
次粉			345.9	388.6
合计		1000	1000	1000

第二节　不同阶段的肉牛典型饲料配方

一、犊牛育肥典型饲料配方

犊牛育肥典型饲料配方见表4-4～表4-8。

表 4-4 代乳品参考配方

丹麦配方	脱脂乳 60% ~ 70%、猪油 5% ~ 15%、乳清 15% ~ 20%、玉米粉 1% ~ 5%、矿物质 + 微量元素 2%
日本配方	脱脂奶粉 60% ~ 70%、鱼粉 5% ~ 15%、豆饼 5% ~ 10%、油脂 5% ~ 15%、矿物质 + 微量元素 2%
我国配方	熟豆粕 35%、熟玉米 12.2%、乳清粉 10%、糖蜜 10.0%、酵母蛋白粉 10.0%、乳化脂肪 20.0%、食盐 0.5%、磷酸氢钙 2.0%、赖氨酸 0.1%、蛋氨酸 0.1%、鲜奶香精 0.01% ~ 0.02%、多维和微量元素适量（可加入 0.25% 土霉素渣，微量元素不含铁）
	熟豆粕 37.0%、熟玉米 17.5%、乳清粉 15%、糖蜜 8.0%、酵母蛋白粉 10.0%、乳化脂肪 10.0%、食盐 0.5%、磷酸氢钙 2.0%，鲜奶香精 0.01% ~ 0.02%、多维和微量元素适量（可加入 0.25% 土霉素渣，微量元素不含铁）

注：犊牛育肥（也称小肥牛育肥，是指犊牛出生后 5 个月内，在特殊饲养条件下，育肥至 90 ~ 150 千克时屠宰）应以全乳或代乳品为饲料，由于犊牛吃了草料后肉色会变暗，不受消费者欢迎，为此犊牛育肥不能直接饲喂精料补充料、粗饲料。

表 4-5 哺乳期犊牛、幼龄犊牛典型饲料配方（质量分数,%）

饲料原料	配方 1	配方 2	配方 3	配方 4	配方 5	配方 6	配方 7	配方 8	配方 9	配方 10
玉米	48.5	50.0	45	49.5	54.5	50.0	47.5	45.6	51	52
大麦						10.0	12.5	11		3
高粱	10.5	10	10	8.9	8.6					
大豆粕	29.7	26.7	26	22	29.4	21.7	28.5	25	32	31
亚麻仁粕			5		6		6		5	
麸皮	3.4	5	4.6	4.7	1	4	3.6	4.0		
苜蓿草粉	2	2	2	2	1	2		2.1	4.7	3.7
糖蜜	3	3	3	2	3	3	3	3	10	7.5
油脂			1.0	1.5				1.0		0.5
食盐		0.5	0.5	0.5	0.5	0.5		0.5	1	1
碳酸钙	0.8	0.8	0.9	0.9	0.9	0.8	0.8	0.9		
磷酸三钙	1.8	1.7	1.7	1.7	1.8	1.7	1.7	1.7	1	1
复合预混料	0.3	0.3	0.3	0.3	0.3	0.3	0.3	0.3	0.3	0.3

注：配方 9 和配方 10 添加土霉素 50 毫克/千克。

表4-6　4~6月龄肉用犊牛典型饲料配方（单位：千克）

饲料原料	配方1	配方2	配方3	配方4	配方5	配方6	配方7	配方8	配方9	配方10
小麦秸或稻草	0.5~1.0									
豆荚粉	0.5~1.0	0.5~1.0								
苜蓿干草		0.5~1.0	0.5	0.5~1.0						
玉米青贮			4.0	3.5						
田间干草					1.0~1.2	1.0~1.2				
甜菜渣									2.5	2.0
玉米	2.0	2.0			0.25	0.5	0.5	1.0		
干树叶									1.0	1.5
小麦麸	1.5	0.53	1.0	1.0	1.0	0.75	0.5	0.5	0.75	0.5
豆粕									0.5	1.0
棉籽饼	0.5		0.5		0.5	0.75	1.0	1.0	0.75	
酒糟							3.5~4.0	2.5~3.0		0.5
尿素	0.08	0.05						0.05		
菜籽饼		1.0	1.0	0.5	0.75	0.5	0.5	0.5	0.5	0.75
食盐	0.05	0.05	0.05	0.05	0.05	0.05	0.05	0.05	0.05	0.05
磷酸氢钙	0.1	0.1	0.05	0.05	0.05	0.05	0.05	0.05	0.1	0.1
石粉	0.15	0.15	0.15	0.15	0.15	0.15	0.1	0.15	0.15	0.15
复合预混料	0.1	0.1	0.1	0.1	0.1	0.1	0.1	0.1	0.1	0.1

注：每千克复合预混料内提供维生素 A 50000~55000 国际单位，维生素 D 25000~30000 国际单位，维生素 E 300~500 国际单位，烟酸 750~1000 毫克，铁 2~2.5 克，铜 0.8~1.0 克，锌 4.5~5.0 克，锰 2.0~2.5 克，碘 25~30 毫克，硒 30~35 毫克，钴 35~40 毫克，碳酸氢钠 450 克，氧化镁 150 克。

表 4-7　7~12 月龄育成肉牛典型饲料配方

（单位：千克）

饲料原料	配方 1	配方 2	配方 3	配方 4	配方 5	配方 6	配方 7	配方 8	配方 9	配方 10
稻草							2.0	3.0		
玉米秸			3.0	2.0		0.5	2.5			1.0
苜蓿草粉	0.2		0.5	1.5						
玉米青贮（带穗）	12.0	10.0						5.0		
田间干草					3.0	2.5				
干甜菜渣	1.0	1.5							3.5	2.8
玉米		0.5	1.5	0.45	0.25	0.5	1.4			
大麦	0.4									
小麦麸	0.5	1.5		1.0	1.25	1.0	0.5	0.5	1.5	1.5
向日葵仁粕			0.5					0.5		
鲜酒糟							5.0			
棉籽饼		0.5				0.5				0.7
菜籽饼	0.4			0.5	0.8	0.5			0.8	
糖蜜									0.5	0.5
复合预混料	0.4	0.4	0.4	0.4	0.4	0.4	0.4	0.4	0.4	0.4

注：每千克复合预混料内提供维生素 A 5000 国际单位，维生素 D 2500 国际单位，维生素 E 80 国际单位，铜 0.05 克，锌 0.2 克，锰 0.15 克，碘 20 毫克，硒 10 毫克，钴 15 毫克，食盐 120 克，磷酸氢钙 200 克，石粉 350 克。

表 4-8　犊牛不同育肥阶段饲料喂量

月龄	青干草/[千克/(天·头)]	青贮饲料/[千克/(天·头)]	精料补充料/[千克/(天·头)]	尿　素
3~6	1.5	1.8	2.0	—
7~12	3.0	3.0	3.0	15 克/千克混合精料
13~16	4.0	8.0	4.0	15 克/千克混合精料

注：精料补充料配方：玉米 40%，棉籽饼 34%，麸皮 20%，磷酸氢钙 2%，食盐 0.6%，微量元素维生素复合预混料 0.4%，沸石 3%。

二、青年肉牛配合饲料配方

青年肉牛配合饲料配方见表4-9。

表4-9 青年肉牛配合饲料配方 （质量分数,%）

饲料原料	配方1	配方2	配方3	配方4	配方5	配方6	配方7	配方8	配方9	配方10
玉米	27.6	41.9	49.9	28.7	20.1	21.0	37.5	61.9	50.0	16.8
高粱	23	22		20	17.6	14.2	10			25
大麦	13		13.1	14	11	14	12		11.8	13
大豆粕	4.5	5.6	4.0	5.0	6.4	5.5	5.5	21	6	10
棉籽饼						6	4		4	3
菜籽饼				3			5		5	4
亚麻仁粕	3	3	4.0		6				5	
麸皮	7	7.5	8.1	7.5	13.6	11.6	8.5			5
脱脂米糠	3.7		2.7	4.7	6.3	6.5	2.5			6.2
苜蓿草粉	10	12	10	10	11	13	12	10.4	11	15
糖蜜	5	5	5	4	5	5		5	5	
食盐	0.5	0.5	0.5	0.5	0.5	0.5	0.5	0.5	0.5	0.5
碳酸钙	1.6	1.6	1.7	1.6	2.2	2.0	1.5		0.5	0.5
磷酸三钙	0.9	0.8	0.8	1.6	0.8	0.8	0.8	1	1	0.8
微量元素预混料	0.1	0.1	0.1	0.1	0.1	0.1	0.1	0.1	0.1	0.1
维生素预混料	0.1		0.1	0.1		0.1	0.1	0.1	0.1	0.1

三、育肥肉牛的典型饲料配方

1. 不同粗饲料类型饲料配方

（1）青贮玉米秸秆类型饲料配方 此类型饲料配方适合于玉米种植密集、有较好青贮基础的地区，使用此类型饲料配方，青贮玉米秸日喂量为15千克（表4-10）。

表 4-10 青贮玉米秸秆类型饲料配方及营养水平

项目		体重阶段/千克							
		300～350		350～400		400～450		450～500	
		配方1	配方2	配方1	配方2	配方1	配方2	配方1	配方2
精料补充料配比（%）	玉米	71.8	77.7	80.7	76.8	77.6	76.7	84.5	87.6
	麸皮	3.3	2.4	3.3	4.0	0.7	5.8	0	0
	棉籽粕	21.0	16.3	12.0	15.6	18.0	14.2	11.6	8.2
	尿素	1.4	1.3	1.7	1.4	1.7	1.5	1.9	2.2
	食盐	1.5	1.5	1.5	1.5	1.2	1.0	1.2	1.2
	石粉	1.0	0.8	0.8	0.7	0.8	0.8	0.8	0.8
日喂精料补充料量/千克		5.2	7.2	7.0	6.1	5.6	7.8	8.0	8.0
营养水平	肉牛能量单位（个）	6.7	8.5	8.4	7.2	7.0	9.2	8.8	10.2
	粗蛋白质/克	747.8	936.6	756.7	713.5	782.6	981.76	776.4	818.6
	钙/克	39	43	42	36	37	46	45	51
	磷/克	21	36	23	22	21	28	25	27

（2）酒糟类型饲料配方 见表 4-11。

表 4-11 酒糟类型饲料配方及营养水平

项目		体重阶段/千克							
		300～350		350～400		400～450		450～500	
		配方1	配方2	配方1	配方2	配方1	配方2	配方1	配方2
精料补充料配比（%）	玉米	58.9	69.4	64.9	75.1	73.1	80.8	75.0	85.2
	麸皮	20.3	14.3	16.7	11.1	12.1	7.8	9.6	5.9
	棉籽粕	17.7	12.7	14.9	9.7	11.0	7.0	9.6	4.5
	尿素	0.4	1.0	1.0	1.6	1.5	2.1	2.4	2.3
	食盐	1.5	1.5	1.5	1.5	1.5	1.5	1.9	1.5
	石粉	1.2	1.1	1.0	1.0	0.8	0.8	1.5	0.6

（续）

项　　目		体重阶段/千克							
		300～350		350～400		400～450		450～500	
		配方1	配方2	配方1	配方2	配方1	配方2	配方1	配方2
采食量/〔千克/（天·头）〕	精料补充料	4.1	6.8	4.6	7.6	5.2	7.5	5.8	8.2
	酒糟	11.8	10.4	12.1	11.3	14.0	12.0	15.3	13.1
	玉米秸	1.5	1.3	1.9	1.7	2.0	1.8	2.2	1.8
营养水平	肉牛能量单位（个）	7.4	9.4	9.4	11.8	10.7	12.3	11.9	13.2
	粗蛋白质/克	787.8	919.4	1016.4	272.3	1155.7	1306.6	1270.2	1385.6
	钙/克	46	54	47	57	48	52	49	51
	磷/克	30	37	32	39	34	37	37	39

（3）干玉米秸类型饲料配方　见表4-12。

表4-12　干玉米秸类型饲料配方及营养水平

项　　目		体重阶段/千克							
		300～350		350～400		400～450		450～500	
		配方1	配方2	配方1	配方2	配方1	配方2	配方1	配方2
精料补充料配比（%）	玉米	66.2	69.54	70.5	72.05	72.7	73.84	78.33	79.1
	麸皮	2.5	1.4	1.9	4.8	6.6	6.6	1.6	2.0
	棉籽粕	27.9	25.4	24.1	19.5	16.8	15.9	16.3	15.0
	尿素	0.9	1.06	1.2	1.25	1.4	1.56	1.77	1.90
	食盐	1.5	1.5	1.5	1.5	1.5	1.5	1.5	1.5
	石粉	1.0	1.1	0.8	1.0	1.0	0.6	0.5	0.5

（续）

项　　目		体重阶段/千克							
		300~350		350~400		400~450		450~500	
		配方1	配方2	配方1	配方2	配方1	配方2	配方1	配方2
采食量/［千克/（天·头）］	精料补充料	4.8	5.6	5.4	6.1	6.0	6.3	6.7	7.0
	酒糟	3.6	3.0	4.0	3.0	4.2	4.5	4.6	4.7
	玉米秸	0.5	0.2	0.3	1.0	1.1	1.2	0.3	0.3
营养水平	肉牛能量单位（个）	6.1	6.4	6.8	7.2	7.6	8.0	8.4	8.8
	粗蛋白质/克	660	684	691	713	722	744	754	776
	钙/克	38	40	38	40	37	39	36	38
	磷/克	27	27	28	29	31	32	32	32

（4）青贮玉米＋麦秸＋苜蓿干草搭配型饲料配方　见表4-13。

表4-13　青贮玉米＋麦秸＋苜蓿干草搭配型饲料配方

种　　类	粗饲料/千克			精　饲　料	
	玉米青贮	麦秸	苜蓿干草	推荐配方	喂量/千克
青年母牛	8	2	1	玉米60%，胡麻饼20%，麸皮20%	1.5~2.0
妊娠母牛	10	3	1.5	玉米65%，麸皮35%	2.5~3.0
架子牛	12	3	1	玉米70%，胡麻饼10%，麸皮20%	3.0~4.0
育肥牛	10	4	1	玉米85%，胡麻饼5%，麸皮10%	5.0~6.0

（5）玉米秸黄贮＋麦秸＋苜蓿干草型饲料配方　见表4-14。

表 4-14　玉米秸黄贮 + 麦秸 + 苜蓿干草型饲料配方

种　　类	粗饲料/千克			精　饲　料	
	玉米秸黄贮	麦秸	苜蓿干草	推 荐 配 方	喂量/千克
青年母牛	8	2	1.5	玉米70%，胡麻饼15%，麸皮15%	1.5~2.0
妊娠母牛	10	3.5	1.5	玉米75%，胡麻饼15%，麸皮10%	2.5~3.0
架子牛	10	4	1	玉米80%，胡麻饼10%，麸皮10%	3.0~4.0
育肥牛	12	4	1	玉米85%，麸皮15%	5.0~6.0

2. 肉牛育肥后期配合饲料配方

肉牛育肥后期配合饲料配方见表 4-15。

表 4-15　肉牛育肥后期配合饲料配方及营养水平

	项　　目	配方 1	配方 2	配方 3	配方 4	配方 5
饲料原料（%）	玉米	40.7	35.5	24.7	30.4	48.5
	大麦	8.0				8.6
	棉籽饼	8.1				6.0
	菜籽粕					2.5
	玉米酒糟蛋白料		7.2（干）	4.1（干）	17（湿）	
	玉米胚芽饼		16.0	17.8	17.0	
	全株玉米青贮	26.0	25.1	32.6	18.0	21.0
	苜蓿干草		4.6			
	玉米秸		2.6	9.2	9.0	
	小麦秸				5.0	
	玉米皮		7.3	10.0	1.8	
	甜菜干粕	16.0				12.2
	复合预混料	1.0	1.0	1.0	1.0	1.0
	食盐	0.2	0.3	0.2	0.3	0.2
	石粉		0.4	0.4	0.5	

（续）

项　　目		配方1	配方2	配方3	配方4	配方5
营养水平	维持净能/（兆焦/千克）	7.67	7.66	7.28	7.53	7.53
	生产净能/（兆焦/千克）	4.71	4.77	4.56	4.69	4.69
	粗蛋白质（%）	10.7	13.46	12.6	12.9	12.9
	钙（%）	0.34	0.35	0.4	0.32	0.32
	磷（%）	0.28	0.33	0.35	0.31	0.31

注：配方1预计日采食量（自然重）为14.3千克，预计日增重1200克；配方2预计日采食量（自然重）为14.5千克，预计日增重1200克；配方3预计日采食量（自然重）为15.1千克，预计日增重1100克；配方4预计日采食量（自然重）为16.5千克，预计日增重1000克；配方5预计日采食量（自然重）为13.6千克，预计日增重1300克。

3. 不同体重阶段、不同日增重的饲料配方

不同体重阶段、不同日增重的饲料配方见表4-16。

表4-16　不同体重阶段、不同日增重的饲料配方

（质量分数，%）

饲料原料	300千克以下体重		300~400千克体重		400~500千克体重		500千克以上体重	
	配方1	配方2	配方1	配方2	配方1	配方2	配方1	配方2
玉米	15	10	26	37.6	38.6	25.8	27	29.6
大麦粉							5	5
棉籽饼		12				13		11
菜籽饼				12	9		8.6	
胡麻饼	13.6			10				
玉米青（黄）贮	35				19	22		19
玉米青贮（带穗）		44.6	37			37		37
玉米秸		3	3			3	6	

（续）

饲料原料	300千克以下体重		300~400千克体重		400~500千克体重		500千克以上体重	
	配方1	配方2	配方1	配方2	配方1	配方2	配方1	配方2
干草粉	5			5	4			
白酒糟	31	30	21.1	28	26	20.3	34	17
食盐	0.4	0.4	0.4	0.4	0.4	0.4	0.4	0.4
石粉			0.5			0.5		
说明	每天干物质采食量为7.2千克/头，预计日增重为900克		每天干物质采食量为8.5千克/头，预计日增重为1100克		每天干物质采食量为9.8千克/头，预计日增重为1000克		每天干物质采食量为10.4千克/头，预计日增重为1100克	

四、架子牛饲料配方

1. 体重300千克架子牛过渡期饲料配方

体重300千克架子牛过渡期饲料配方见表4-17。

表4-17　体重300千克架子牛过渡期饲料配方及营养水平

项　目		配方1	配方2	配方3	配方4	配方5	配方6	配方7	配方8	配方9	配方10
饲料原料（%）	玉米	4.7	4.9	20.2	20.0	8.5	8.9			14.3	14.3
	棉籽饼			17.3				3.6		13.2	3.2
	菜籽饼				15.0				3.7		10.0
	小麦麸							9.7	9.6		2.0
	玉米胚芽饼	14.8	15.0			20.9	20.5				
	玉米酒糟蛋白料（湿）	15.3	15.3			15.1	16.0	10.1	10.1		
	玉米酒糟蛋白料（干）	5.4	5.0		2.5						

（续）

项　　目		配方1	配方2	配方3	配方4	配方5	配方6	配方7	配方8	配方9	配方10
饲料原料（%）	全株玉米青贮	35.1	36.1	40.5	41.5	46.2	46.5	43.1	43.1	49.0	49.0
	甜菜干粕			6.9	5.9						
	玉米秸	15.8	15.3	13.6	10.0		2.0	17.1	17.0	22.0	20.0
	玉米皮	5.0	3.5			4.5		6.8	6.9		
	苜蓿干草							8.2	8.2		
	小麦秸	2.4	3.4		3.6	3.2	4.5				
	复合预混料	1.0	1.0	1.0	1.0	1.0	1.0	1.0	1.0	1.0	1.0
	食盐	0.2	0.2	0.2	0.2	0.2	0.2	0.2	0.2	0.2	0.2
	石粉	0.3	0.3	0.3	0.3	0.4	0.4	0.3	0.3	0.3	0.3
营养水平	维持净能/（兆焦/千克）	6.19	6.20	6.14	6.14	7.32	7.32	5.77	5.77	6.39	6.39
	生产净能/（兆焦/千克）	3.68	3.69	3.64	3.64	3.09	3.10	3.26	3.26	3.73	3.73
	粗蛋白质（%）	14.40	14.42	11.40	11.45	13.7	13.8	14.7	14.7	11.0	11.0
	钙（%）	0.37	0.37	0.46	0.46	0.44	0.44	0.58	0.58	0.4	0.41
	磷（%）	0.36	0.36	0.32	0.33	0.36	0.36	0.55	0.54	0.34	0.35

注：配方1、配方2预计日采食量（自然重）为13.7千克，预计日增重800克；配方3、配方4预计日采食量（自然重）为13.1千克，预计日增重900克；配方5、配方6预计日采食量（自然重）为13.5千克，预计日增重850克；配方7、配方8预计日采食量（自然重）为14.5千克，预计日增重700克；配方9、配方10预计日采食量（自然重）为13.7千克，预计日增重900克。

2. 体重300～350千克架子牛饲料配方

体重300～350千克架子牛饲料配方见表4-18。

表 4-18　体重 300~350 千克架子牛饲料配方及营养水平

项目		配方1	配方2	配方3	配方4	配方5	配方6	配方7	配方8	配方9	配方10
饲料原料（%）	玉米	18.4	19.5	31.2	31.5	17.3	17.5	21.1	21.0	16.9	17.0
	棉籽饼			6.4				9.4		2.3	
	棉籽			3.4	3.3						
	菜籽饼				6.5		3.9		6.5		2.4
	玉米胚芽饼	13.2	15.6			14.1	10.0		8.0	15.4	15.5
	玉米酒糟蛋白料（湿）	18.6	18.5			15.0	14.0			10.7	10.5
	全株玉米青贮	27.0	26.7	44.1	45.1	40.0	41.0	50.0	45.0	34.1	35.0
	玉米秸	10.7	11.0	3.4	3.1	10.6	10.1	18.0		7.0	
	甜菜干粕				10.0	9.0					
	玉米皮	4.4				1.5			8.0	12.0	11.0
	小麦秸	6.2	7.2				2.0		10.0		7.0
	复合预混料	1.0	1.0	1.0	1.0	1.0	1.0	1.0	1.0	1.0	1.0
	食盐	0.2	0.2	0.2	0.2	0.2	0.2	0.2	0.2	0.2	0.2
	石粉	0.3	0.3	0.3	0.3	0.3	0.3	0.3	0.3	0.4	0.4
营养水平	维持净能/（兆焦/千克）	6.95	6.96	7.28	7.29	7.03	7.05	6.81	6.80	6.95	6.96
	生产净能/（兆焦/千克）	4.20	4.18	4.45	4.46	4.27	4.28	4.09	4.08	4.23	4.24
	粗蛋白质（%）	12.8	12.85	11.0	11.0	12.96	12.95	10.4	10.5	14.31	14.32
	钙（%）	0.33	0.33	0.37	0.38	0.38	0.38	0.34	0.35	0.37	0.37
	磷（%）	0.30	0.31	0.32	0.32	0.32	0.32	0.31	0.32	0.37	0.36

　　注：配方1、配方2预计日采食量（自然重）为13.2千克，预计日增重1200克；配方3、配方4预计日采食量（自然重）为15.2千克，预计日增重1000克；配方5、配方6预计日采食量（自然重）为14.1千克，预计日增重1000克；配方7、配方8预计日采食量（自然重）为14.2千克，预计日增重1000克；配方9、配方10预计日采食量（自然重）为14.5千克，预计日增重1000克。

3. 体重350～400千克架子牛饲料配方

体重350～400千克架子牛饲料配方见表4-19。

表4-19　体重350～400千克架子牛饲料配方及营养水平

项　目		配方1	配方2	配方3	配方4	配方5	配方6	配方7	配方8	配方9	配方10
饲料原料（%）	玉米	26.4	27.2	30.7	31	31.2	31	34.0	33.9	46.4	45.4
	麸皮							2.9	4.2	7.7	7.5
	棉籽饼	7.2	7.0	9.8	9.5	7.0	7.5	3.6	3.0	2.3	
	棉籽	3.6	3.0	3.3		3.5					
	菜籽饼	3.6	3.8		3.8		3.2		3.0		2.5
	玉米胚芽饼							2.0			
	玉米酒糟蛋白料（干）							18.0	20.1		
	全株玉米青贮	41.0	40.0	48.4	48.3	44.0	45			32.0	32.0
	玉米秸	10.7	9.7	7.4	7.0			19.3	15		
	甜菜干粕	7.0	6.0			13.7	12.7			11.0	11
	苜蓿干草		2.8					5.0	5.0		1.0
	豆秸							14.7	15.3		
	食盐	0.2	0.2	0.2	0.2	0.2	0.2	0.2	0.2	0.2	0.2
	石粉	0.3	0.3	0.2	0.2	0.4	0.4	0.3	0.3	0.4	0.4
营养水平	维持净能/（兆焦/千克）	6.94	6.93	7.27	7.25	7.31	7.32	7.24	7.23	7.81	7.81
	生产净能/（兆焦/千克）	4.25	4.25	4.46	4.45	4.47	4.48	4.44	4.43	4.86	4.85
	粗蛋白质（%）	12.55	12.53	11.20	11.22	11.20	11.20	14.20	14.5	10.95	11.0
	钙（%）	0.39	0.39	0.34	0.35	0.39	0.38	0.39	0.39	0.39	0.39
	磷（%）	0.37	0.37	0.32	0.32	0.33	0.33	0.36	0.35	0.37	0.37

注：配方1、配方2预计日采食量（自然重）为14.8千克，预计日增重1000克；配方3、配方4预计日采食量（自然重）为15千克，预计日增重1100克；配方5、配方6预计日采食量（自然重）为15.2千克，预计日增重1100克；配方7、配方8预计日采食量（自然重）为15.5千克，预计日增重1100克；配方9、配方10预计日采食量（自然重）为14.5千克，预计日增重1000克。

五、强化催肥期饲料配方

经过过渡生长期，牛的骨架基本定型，到了最后强化催肥阶段。日粮以精料为主，按体重的 1.5% ~ 2% 喂料，粗、精比为 1∶（2 ~ 3），体重达到 500 千克左右适时出栏，另外，喂干草 2.5 ~ 8 千克/天。精料补充料配方：玉米 81.5%、饼粕类 11%、尿素 3%、骨粉 1%、石粉 1.7%、食盐 1%、碳酸氢钠 0.5%、复合预混料 0.3%。

我国架子牛育肥的饲料以青粗饲料或酒糟、甜菜渣等加工副产物为主，适当补饲精料。精粗饲料比例按干物质计算为 1∶（1.2 ~ 1.5），日干物质采食量为体重的 2.5% ~ 3%。其参考配方见表 4-20 ~ 表 4-22。

表 4-20　架子牛育肥饲料配方

育肥天数	干草或玉米秸青贮/千克	酒糟/千克	玉米粗粉/千克	饼类/千克	盐/克
1 ~ 15 天	6 ~ 8	5 ~ 6	1.5	0.5	50
16 ~ 30 天	4	12 ~ 15	1.5	0.5	50
31 ~ 60 天	4	16 ~ 18	1.5	0.5	50
61 ~ 100 天	4	18 ~ 20	1.5	0.5	50

表 4-21　架子牛舍饲育肥氨化稻草类型饲料配方

［单位：千克/（天·头）］

阶段	玉米面	豆饼	骨粉	矿物微量元素	食盐	碳酸氢钠	氨化稻草
前期	2.5	0.25	0.060	0.030	0.050	0.050	20
中期	4.0	1.00	0.070	0.030	0.050	0.050	17
后期	5.0	1.50	0.070	0.035	0.050	0.050	15

表4-22　酒糟＋青贮玉米秸饲料配方　（单位：千克）

饲料原料	体重阶段/千克			
	250～350	350～450	450～550	550～650
精料补充料	2～3	3～4	4～5	5～6
酒糟	10～12	12～14	14～16	16～18
青贮（鲜）	10～12	12～14	14～16	16～18

注：精料补充料由玉米93%、棉籽粕2.8%、尿素1.2%、石粉1.2%、食盐1.8%，复合预混料（育肥灵）另加；饲喂效果为日增重1千克以上。

六、精料补充料配方

1. 犊牛精料补充料配方

犊牛精料补充料配方见表4-23和表4-24。

表4-23　幼龄犊牛精料补充料配方　（质量分数,%）

饲料原料	配方1	配方2	配方3	配方4	配方5	配方6	配方7
玉米	30	31	50	50	22	50	35
高粱	9				20		10
燕麦		20					5
大豆饼	30	18	30	15	35	15	14
棉籽饼	5			13		5	11
亚麻仁饼	4	10					2.5
酵母粉		10	5	3			3
麸皮	20	10	14	15	20	22	16
生长素					1		
食盐	1		1	1	1	1	1
磷酸氢钙	1			2	1	6	1.5

（续）

饲料原料	配方1	配方2	配方3	配方4	配方5	配方6	配方7
碳酸钙		1				1	
复合预混料		1		1			1

注：精料补充料喂量：1月龄200～300克，2月龄500～700克，3月龄750～1000克。胡萝卜或甜菜切碎，20天～2月龄喂1～1.5千克，3月龄喂1.5～2千克，4～6月龄喂4～6千克。优质青干草、青贮饲料自由采食。

表4-24　不同阶段犊牛精料补充料配方（质量分数,%）

饲料原料	哺乳期犊牛	4～6月龄犊牛	7～12月龄犊牛	13月龄至出栏犊牛	
玉米	42	42	66	51	62
小麦麸	23	30	16	25	18
干甜菜渣	13				
豆粕	15	15	12	9	14
菜籽粕		5		6	
棉籽粕		4		5	
磷酸氢钙	2.5		1.5		1.5
碳酸钙	0.3				
尿素			1.5		1.5
食盐	0.2		1		1
复合预混料	4	4	2	4	2
说明	每天按100千克活体重精料补充料喂量为1.0千克，苜蓿草粉喂量为3千克/天计算	每天按100千克活体重精料补充料喂量为1.0千克，干草粉喂量为1.5千克/天计算	每天按100千克活体重精料补充料喂量为1.15千克，青贮玉米秸自由采食计算	每天按100千克活体重精料补充料喂量为0.69千克加鲜酒糟0.53千克，青贮玉米秸自由采食计算	

2. 育肥肉牛精料补充料配方

育肥肉牛精料补充料配方见表4-25和表4-26。

表 4-25 **育肥肉牛精料补充料配方**（质量分数,%）

饲 料 原 料	配方 1	配方 2	配方 3	配方 4	配方 5	配方 6	配方 7
玉米	33	56	70.5	73.5	55.88	66.77	73.28
胡豆	5						
小麦麸	45	20	15.5	7.5	27.94	13.82	21.08
豆粕			6.7				4.55
芝麻饼			5.5				
菜籽粕	10	8					
棉籽粕	5	10		15	13.97	17.96	
磷酸氢钙	1.5	1.5	1.3	1.5			
石粉					0.81	0.53	0.69
食盐	0.5	0.5	0.5	0.5	1.4	0.92	0.4
复合预混料		4		2			
说明		精料补充料喂量为 1~2 千克/（头·天），另喂干草 3~4 千克，青饲料 8~12 千克		精料补充料喂量为 3~4 千克/（头·天），麦秸粉或草粉 3~4 千克/（头·天）		配方 5、6、7 分别适合体重 300 千克、400 千克、500 千克，日增重 1.0 千克的肉牛。精料补充料喂量分别为 3.5 千克/（头·天）、4.4 千克/（头·天）、7.26 千克/（头·天）；粗饲料喂量分别为玉米青贮 15.68 千克/（头·天）、玉米青贮 20.74 千克/（头·天）、麦秸粉或草粉 4 千克/（头·天）		

表4-26 1.5~2.5岁出栏与育肥肉牛精料补充料配方

饲料原料	配方1	配方2	配方3	配方4	配方5	配方6	配方7	配方8	配方9	配方10	配方11	配方12	配方13	配方14	配方15
玉米（%）	72.0	67.0	67.3	68.5	69.0	74.0	73.6	38.5	32.0	50.0	68.0	64.7	46.0	64.0	49.0
棉籽粕（%）								29.0	51.0	25.0	15.5	20.5	15.0	19.5	29.0
麸皮（%）			19.1	19.5	19.7	15.6	15.7	30.0	14.5	22.5	14.0	13.3	11.0	15.0	19.5
胡麻饼（%）			9.2	9.5	9.3	8.4	8.7								
豆饼（%）	25.0	30.0	1.9										25.5		
石粉（%）			1.5	1.5	1.0	1.0	1.0	1.0	1.0	1.0	1.0		1.0		1.0
磷酸氢钙（%）	2.0	2.0													
食盐（%）	1.0	1.0	1.0	1.0	1.0	1.0	1.0	1.0	1.0	1.0	1.0	1.0	1.0	1.0	1.0
碳酸氢钠（%）								0.5	0.5	0.5	0.5	0.5	0.5	0.5	0.5
维生素A/（国际单位/千克）	1000	1000													

3. 母牛精料补充料配方

母牛精料补充料配方见表4-27。

表4-27　母牛精料补充料配方（质量分数,%）

饲料原料	青年母牛			妊娠母牛			哺乳母牛			空怀母牛		
玉米	54	60	56	48	81.5	48	50	77.6	49.9	65	60.5	65
小麦麸	35.6	23	31.7	34	4.0	33.5	12	4.2	11	15	17	14.5
大豆饼	7	7.5	3	10.3	7.5	7.8	30	7.15	27	18	15	10.5
棉籽饼			3			2			2			4
菜籽饼		4.5	2		4.0	1		5.1	2		3.5	4
饲料酵母							5		5			
复合预混料	3	2	3	3	2.0	3	1	2.0	1	1	1	1
食盐	0.4	1	0.8	0.7	1.0	0.7	0.9	0.9	0.9	1		1
磷酸氢钙		2	0.5	4		4	1.1	3.05	1.2		2	
说明	干物质采食量按体重的2.5%~3.0%计算，精料补充料喂量为1.5~2.0千克/（头·天）			干物质采食量按体重的2%计算，精料补充料喂量为1.5~2.0千克/（头·天）			干物质采食量按体重的3%计算，精料补充料喂量为3~4千克/（头·天）			干物质采食量按体重的2.5%计算，精料补充料饲喂量为1.5~2.0千克/（头·天）		

参 考 文 献

[1] 王聪. 肉牛饲养手册 [M]. 北京：中国农业大学出版社，2007.

[2] 张宏福. 动物营养参数与饲养标准 [M]. 2 版. 北京：中国农业出版社，2010.

[3] 王恬，王成章. 饲料学 [M]. 3 版. 北京：中国农业出版社，2018.

[4] 王艳荣，张慧慧. 肉牛饲料配方手册 [M]. 北京：化学工业出版社，2015.